黄河流域生态保护研究丛书·黄河三角洲生态保护卷

总主编　王仁卿

黄河三角洲
湿地植被及其多样性

主　编　王仁卿

山东科学技术出版社
·济南·

图书在版编目（CIP）数据

黄河三角洲湿地植被及其多样性 / 王仁卿主编 .
—— 济南 : 山东科学技术出版社 , 2022.5
（黄河流域生态保护研究丛书 / 王仁卿总主编 .
黄河三角洲生态保护卷）
ISBN 978-7-5723-1214-4

Ⅰ.①黄…　Ⅱ.①王…　Ⅲ.①黄河—三角洲—
沼泽化地—植被—生物多样性—生物资源保护—研
究　Ⅳ.① Q948.525.2

中国版本图书馆 CIP 数据核字 (2022) 第 060978 号

黄河流域生态保护研究丛书 · 黄河三角洲生态保护卷
黄河三角洲湿地植被及其多样性

HUANGHE LIUYU SHENGTAI BAOHU YANJIU CONGSHU

HUANGHE SANJIAOZHOU SHENGTAIBAOHU JUAN

HUANGHE SANJIAOZHOU SHIDI ZHIBEI JIQI

DUOYANGXING

责任编辑：陈　昕　徐丽叶　庞　婕

主管单位：山东出版传媒股份有限公司
出　版　者：山东科学技术出版社
　　　　　地址：济南市市中区舜耕路 517 号
　　　　　邮编：250003　电话：（0531）82098088
　　　　　网址：www.lkj.com.cn
　　　　　电子邮件：sdkj@sdcbcm.com
发　行　者：山东科学技术出版社
　　　　　地址：济南市市中区舜耕路 517 号
　　　　　邮编：250003　电话：（0531）82098067
印　刷　者：山东彩峰印刷股份有限公司
　　　　　地址：山东省潍坊市潍城经济开发区玉清西街 7887 号
　　　　　邮编：261031　电话：（0536）8311811

规格：16 开（184 mm×260 mm）
印张：67.25　字数：920 千
版次：2022 年 5 月第 1 版　印次：2022 年 5 月第 1 次印刷
定价：498.00 元（全三册）

审图号：GS 鲁（2022）0002 号

内 容 简 介

　　本书是对黄河三角洲湿地植被研究成果的概括和总结,共12章。第一章介绍背景、目的和意义，第二至四章说明植被形成的生态条件、区系和植被概况，第五至八章对主要植被类型进行阐述，第九、十章解释植被动态变化，植被与土壤、地形等生态因子的关系，第十一章介绍植被及其多样性，第十二章是对植被的保护、利用和恢复的总结与展望。期待为黄河口国家公园建设和生物多样性保护提供有价值的基础数据和科学资料。

　　本书可供植被生态、自然保护地、自然资源、国土利用、环境保护、自然地理以及农林牧业方面的科研人员、高校师生和管理人员使用和参考。

作 者 简 介

总主编

王仁卿

　　生态学博士，山东大学生命科学学院博士生导师、荣聘教授，山东大学黄河国家战略研究院副院长，山东省生态学会理事长。任山东省人民政府首届决策咨询特聘专家、国家级自然保护区评审专家、《生态学报》和《植物生态学报》编委等职。获得"教育部跨世纪优秀人才""山东省有突出贡献的中青年专家""山东省教学名师"等称号。曾任中国生态学会常务理事、山东大学教务处处长等。长期从事中国暖温带植被研究，主持和参加《中国植被志》编研、华北植物群落资源清查、黄河三角洲生态恢复与重建等国家项目。副主编《中华人民共和国1:100万植被图》，主编《山东植被》《中国大百科全书》第三版《生态学卷》植被生态分支等专著；发表论文120多篇（SCI论文60多篇）。1982年以来从事黄河三角洲湿地和植被生态基础理论、湿地恢复方面的研究。

主要编写人员

山东大学：

王仁卿　郑培明　刘　建　王　蕙　张治国　葛秀丽

张文馨　郭卫华　张淑萍　杜　宁　贺同利　孙淑霞

王　宁　刘　潇　张煜涵　吴　盼　崔可宁　尹婷婷

张　杨　宋美霞　宋百敏

山东黄河三角洲国家级自然保护区：

吕卷章　王安东　赵亚杰　朱书玉

资 助 单 位

山东大学黄河国家战略研究院

山东大学人文社会科学青岛研究院

山东青岛森林生态系统国家定位观测研究站

山东省植被生态示范工程技术研究中心

山东黄河三角洲国家级自然保护区

序　一

黄河三角洲是我国三大河口三角洲之一，拥有中国暖温带保存最完整、最广阔、最年轻的河口湿地生态系统，分布着中国沿海面积最大的新生湿地及湿地植被，是众多湿地鸟类的栖息繁衍地。1992年国务院批准建立了山东黄河三角洲国家级自然保护区，经过近30年的保护，取得了重大成效，生态系统质量明显提升。2013年国际湿地组织将黄河三角洲国家级自然保护区正式列入国际重要湿地名录，2020年国家确定建立黄河口国家公园，这都表明黄河三角洲在国际、国内具有重要生态地位。

2019年9月，习近平总书记在郑州主持召开黄河流域生态保护和高质量发展座谈会，会上提出要把黄河流域生态保护和高质量发展上升为重大国家战略，并强调黄河生态保护"要充分考虑上中下游的差异"，"下游的黄河三角洲是我国暖温带最完整的湿地生态系统，要做好保护工作，促进河流生态系统健康，提高生物多样性"。建设黄河口国家公园标志着黄河三角洲的生物多样性保护进入一个新的发展阶段。黄河三角洲生物多样性保护与提高既是黄河重大国家战略的重要内容之一，也是区域生态保护的首要任务。因此，加强黄河三角洲湿地生态和生物多样性的研究，探讨生物多样性形成、维持、丧失和动态变化机制，在提高生物多样性、维持区域生态安全和可持续发展以及建设黄河口国家公园等方面，都具有重要的学术价值和指导意义。

黄河三角洲拥有类型多样、特色明显的生物多样性，是黄河三角洲生态保护的基础。在物种多样性方面，有以盐生湿地植物为特色的植物多样性，如柽柳、芦苇、盐地碱蓬、补血草、罗布麻等；有以鸟类为代表的动物多样性，如东方白鹳、丹顶鹤、黑嘴鸥、灰鹤，以及多种雁鸭类；浮游动物、植物和土壤微生物种类更是繁多。在遗传多样性方面，黄河三角洲也具有区域性特色，如植物方面，野大豆、芦苇、盐地碱蓬等的遗传多样性丰富而有特色，是发现耐盐基因和培育耐盐植物种质不可多得的遗传资源；鸟类方面，通过演化生物学与生态学等研究，对探讨黄河三角洲鸟类的适应演化、物种多样性、繁殖多样性及迁徙规律等都至关重要。黄河三角洲湿地生态系统颇具特色，富有以不同植被类型为生产者的亚系统，如以旱柳林为代表的林地生态系统、以柽柳林为代表的灌丛生态系统、以盐地碱蓬群落为代表的盐生草甸生态系统和以芦苇沼泽为代表的沼泽生态系统等。

自 20 世纪 50 年代以来，山东大学生态学科在黄河三角洲开展了以湿地植被为重点方向的生态学研究，涉及植物分类、植被组成与结构特征、植被动态与退化、植被保护和利用、植被与土壤微生物、植被与动物多样性等多个方面，通过长期调查研究，积累了丰富的第一手资料，取得了许多重要的原创性研究成果，在此基础上编写完成《黄河流域生态保护研究丛书·黄河三角洲生态保护卷》，包括《黄河三角洲湿地植被及其多样性》《黄河三角洲植被分布格局及其动态变化》和《黄河三角洲生物多样性及其生态服务功能》三部专著。该丛书是山东大学王仁卿教授课题组有关黄河三角洲生态研究成果的概括和总结，将为黄河三角洲生物多样性保护、监测、评估和国家公园建设提供重要科学资料。

我相信，《黄河流域生态保护研究丛书·黄河三角洲生态保护卷》的出版，对助力黄河国家战略的实施，特别是黄河三角洲生态保护与恢复以及国家公园的建设将发挥重要作用。

魏辅文

中国科学院院士 中国生态学学会副理事长

2022 年 4 月

序 二

　　黄河是中华民族的母亲河，孕育了灿烂的中华文化和黄河文化，也造就了壮丽的黄河三角洲。黄河三角洲作为我国三大河口三角洲之一，拥有中国暖温带保存最完整、最广阔、最年轻的河口湿地生态系统。2019年9月18日，习近平总书记在郑州主持召开黄河流域生态保护和高质量发展座谈会时指出，"黄河生态系统是一个有机整体，要充分考虑上中下游的差异"，"下游的黄河三角洲是我国暖温带最完整的湿地生态系统，要做好保护工作，促进河流生态系统健康，提高生物多样性"。他强调，"黄河流域生态保护和高质量发展，同京津冀协同发展、长江经济带发展、粤港澳大湾区建设、长三角一体化发展一样，是重大国家战略"，因此，黄河三角洲生物多样性保护与提高既是黄河重大国家战略的重要任务之一，也是区域生态保护的首要目标。

　　山东大学地处黄河下游中心城市——济南，是我国世界一流大学建设A类高校，服务黄河重大国家战略是义不容辞的责任和义务。2020年11月，山东大学响应时代需求，发挥学科综合交叉优势，成立了以生态学、经济学等为骨干学科的山东大学黄河国家战略研究院，围绕黄河流域生态保护、生态文明指数、经济发展与乡村振兴、新旧动能转换、黄河文化等多个重点方向开展研究，充分发挥智库的作用。《黄河流域生态保护研究丛书·黄河三角洲生态保护卷》正是其中的重要成果之一。该成果包括《黄河三角洲湿地植被及其多样性》《黄河三角洲植被分布格局及其动态变化》和《黄河三角洲生物多样性及其生态服务功能》三部专著，由我国著名生态学家王仁卿教授及其团队完成。该丛书全面、系统、深入地从植被和生物多样性角度对黄河三角洲生态保护研究成果进行总结，不仅是山东大学黄河国家战略研究院生态保护方面的重要的阶段性成果，而且对助力黄河三角洲生态保护和生态恢复，提供自然保护地建设和黄河口国家公园监测、评估等所需的生态本底资料和数据等，都具有重要参考意义。

我从成为山东大学土建和水利学院院长时起，就一直支持我们学院湿地生态的专家教授与王仁卿教授团队在湿地生态方面开展合作研究，因而对湿地生态的研究有一定的了解。自 20 世纪 50 年代以来，山东大学生态学科师生在黄河三角洲开展了一系列生态调查研究，在湿地生态系统及其生物多样性，特别是湿地植被研究等方面，获得了大量的第一手资料和原始数据。该丛书的出版，凝聚着几代人的付出和心血，是广大生态学科师生们长期以来对黄河三角洲生态研究的概括和总结，也是王仁卿教授团队对黄河三角洲湿地生态系统和生物多样性研究方面的最新成果的反映，值得祝贺和学习。

丛书即将出版，王仁卿教授邀请我作序，我深感荣幸，欣然接受。《黄河流域生态保护研究丛书·黄河三角洲生态保护卷》侧重黄河三角洲生态保护，聚焦黄河重大国家战略，突出生态保护优先和绿色发展理念，是富有特色和水平的著作。我相信该丛书的出版，无论对黄河三角洲湿地生态保护和生物多样性的提高，对国家和山东生态文明的建设，还是对黄河国家战略的顺利实施等，都将起到积极的推动作用。同时，期待王仁卿教授团队产出更多有价值的成果，为黄河流域生态保护和高质量发展做出更多贡献。

李术才

中国工程院院士 山东大学副校长

2022 年 4 月于济南

前　言

　　黄河三角洲是我国三大河口三角洲之一，是黄河入海地带的扇形冲积平原和海陆交错带，呈扇状凸出于渤海湾与莱州湾之间。黄河三角洲拥有中国暖温带保存最完整、最广阔、最年轻的河口湿地生态系统，分布着中国沿海面积最大的新生湿地及湿地植被，动植物资源也非常丰富且独具特色，其中有为数众多的重要湿地鸟类。1992年国务院批准建立了山东黄河三角洲国家级自然保护区，2013年国际湿地组织将保护区正式列入国际重要湿地名录，这些都表明了黄河三角洲在湿地和生物多样性保护方面的生态重要性，及其在国内和国际的重要生态地位。近三十年的保护取得了重大成效，生物多样性的种类、数量和质量都有了明显提升。

　　黄河三角洲地区还富有石油、天然气、卤水、草地等自然资源和广袤且不断增长的土地资源，这也表明了该区域的经济重要性。从20世纪60年代至今，黄河三角洲地区一直是我国的重要经济区，20世纪60年代胜利油田的建设，2009年黄河三角洲高效生态经济区和2011年山东半岛蓝色经济区的设立，都是国家的重大发展战略，足以说明该区域在经济上的重要地位。

　　然而，由于黄河三角洲地区具有新生、脆弱等生态特殊性，并且承受着剧烈的人为活动干扰，黄河三角洲湿地生态系统的多样性、稳定性和安全性也受到了挑战。同时，受黄河水沙变化的影响和制约，其不稳定性更加突出。

　　黄河是中华民族的母亲河，孕育了灿烂的中华文化和黄河文化，也造就了黄河三角洲。随着全球气候变化和人类活动影响的加剧，黄河流域的老问题尚未解决，新问题不断出现，前者如水土流失、水少沙多、决堤、水灾、经济不发达等，后者如生物多样性丧失、黄河断流、水少沙也少、水环境污染、生态退化、生态破坏等，严重影响了黄河流域生态、经济、社会的可持续发展，引起了党中央和国务院的高度重视。

早在20世纪50年代初，毛泽东主席就非常关心黄河的事情。1952年10月底至11月初，毛主席利用休假时间，先后到济南、徐州、兰考、开封、郑州、新乡等地对黄河进行实地考察。毛主席从不认为黄河是害河，而是利大于弊的益河、有功之河。他说，"没有黄河就没有我们的中华民族，就没有新中国的今天"，他感慨地发出"一定要把黄河的事情办好"的伟大号召。此后，党和国家一直在下气力治理黄河，并取得了明显成效。2019年9月18日，习近平总书记在河南考察期间主持召开了黄河流域生态保护和高质量发展座谈会，并发表了重要讲话，提出要把黄河流域生态保护和高质量发展上升为重大国家战略。他明确指出，黄河生态保护"要充分考虑上中下游的差异"，"下游的黄河三角洲是我国暖温带最完整的湿地生态系统，要做好保护工作，促进河流生态系统健康，提高生物多样性"。2020年1月3日，习近平总书记主持召开中央财经委员会第六次会议，专题研究黄河流域生态保护和高质量发展的国家战略实施，并提出设立黄河口国家公园的建议。2021年10月8日，中共中央、国务院印发了《黄河流域生态保护和高质量发展规划纲要》，明确了背景、意义、目标、任务和措施，这是一个具有划时代意义的行动指南。2021年10月20日至22日，习近平总书记考察了黄河三角洲和河口地带，以及东营市的沿黄滩涂移民、农业高新区、油田等，并在济南主持座谈会，要求加快推动黄河流域生态保护和高质量发展。由此看出，黄河流域生态保护和高质量发展上升为重大国家战略，是党中央、国务院的重大战略部署，是黄河生态保护千载难逢的历史机遇，也将是黄河治理史和发展史上的一个新的里程碑。

黄河三角洲生物多样性保护与恢复既是黄河国家战略的重要内容之一，也是区域生态保护的首要和关键任务。黄河三角洲湿地植被作为生物多样性的重要组成部分和其他生物多样性的载体，在生物多样性保护中具有不可替代性。山东大学生态学科自20世纪50年代以来，在黄河三角洲湿地植被研究方面开展了一系列工作，涉及植被分类、植被组成与结构特征、植被动态与退化、植被保护和利用、植被与土壤微生物的关系等多个方面，为黄河三角洲生物多样性保护和自然保护区的建立提供了重要的基础资料，为生态保护和修复提供了科学依据。建设黄河口国家公园是落实习近平总书记"提高黄河下游生物多样性"重要指示的最佳途径和实现方式，也是落实黄河国家战略规划纲要确定的黄河下游生态保护和恢复的关键任务，具有示范和引领作用。加强黄河三角洲湿地植被的研究，探讨其形成、维持和演化机制，在提高生物多样性、维持区域生态安全和可持续发展、建设黄河口国家公园等方面都具有重要的学术价值和实际意义。

对黄河三角洲的概念与范围，有许多不同的理解，包括狭义和广义的黄河三角洲以及经济地理意义上的黄河三角洲。狭义的黄河三角洲，指地理意义上的黄河三角洲，包括近代黄河三角洲、现代黄河三角洲和新黄河三角洲。近代黄河三角洲是指以垦利区胜坨镇宁海为顶点，北起套尔河、南至支脉河的扇形地域，总面积约 5 400 km^2，主体在东营市，约 5 200 km^2，少部分涉及滨州市，约 200 km^2。本书的调查研究范围以近代黄河三角洲为主，重点调查研究的区域是黄河三角洲国家级自然保护区的陆域部分（图 2-1、图 2-2）。

本书是山东大学生态学科教师和学生 66 年来（1955~2021 年）对黄河三角洲植被研究的概括和总结，凝聚着几代人的付出和心血。在此要特别感谢中国植被生态学界的两位前辈、我的恩师周光裕教授（1924~2010 年）和张新时院士（1934~2020年）。周光裕教授是我的硕士研究生导师，是山东大学生态学科的创始人，也是黄河三角洲植被研究的开拓者和奠基者，他曾多次到黄河三角洲进行调查研究。1955年，他带领山东大学地植物学专门化班的本科生到沾化县徒骇河东岸进行荒地植被资源调查；1956 年，他发表了《山东沾化县徒骇河东岸荒地植物群落的初步调查》报告，为荒地开发提供了重要的科学依据，强调要看草开荒（即白茅群落可以开荒、碱蓬群落等不能开荒），被认为是最早的黄河三角洲植被研究和可利用的文献；1983~1988 年，他带领研究生和本人到黄河三角洲的垦利、沾化、利津等地调查，此后连续发表了多篇有关黄河三角洲草地植被类型和动态的论文；1988 年，他还陪同两位日本草地学专家到垦利、沾化等地调查，与日本学者开启国际合作研究，并在国际草地植被学会议上发表了关于黄河三角洲植被类型和动态的论文，引起国内外学者的重视和赞誉。张新时院士是我的博士生导师，他对黄河三角洲植被的研究也一直十分关心和重视，作为专家，他多次参与对黄河三角洲自然保护区建设和调整等的评审论证，对植被保护和恢复工作提出了自然恢复和人为协助修复（即生态重建）的前瞻性意见和建议。本书的出版，也是对两位恩师最好的报答和纪念。在此也向所有参加和帮助调查研究的人们表示感谢！

本书是对山东大学生态学科植被研究组有关黄河三角洲植被研究成果的概括和总结，共分十二章。第一章介绍了研究的背景、目的及意义，第二至四章介绍了植被形成的生态条件、区系和植被概况；第五至八章阐述了主要的植被类型；第九、十章介绍了植被动态变化，植被与土壤、地形等生态因子的关系；第十一章讲解了植被及其多样性；第十二章总结了植被的保护、利用和恢复。本书既有概念性的介绍，更有对植被基本特征、形成、分布、变化等的阐述，也试图纠正一些错误、不妥当的观点和描述。作者期待本书能为黄河三角洲湿地生态系统的保护、恢复和黄河口国家公园建设提供有价值的基础数据和科学资料，供植被生态、自然保护地、自然资源、国土利用、环境保护、自然地理以及农林牧业方面的科研、教学和管理人员使用和参考。

受编者的水平、调查范围、深度等所限，书中难免存在各种问题和不足、不妥之处，请读者批评指正，以便今后修改完善。

王仁卿

2021 年 10 月于青岛

目　　录

第一章
黄河三角洲植被研究的背景和意义

第一节 植被的概念及其意义

植被（vegetation），意即植物的覆被，是某一地段内所有植物群落的集合（方精云，2020a）。植被作为地球表面最显著的生命特征，是人类赖以生存、不可替代的物质资源和生活资料，其重要性不言而喻。

首先，植被本身是生物多样性的重要部分，更是物种的载体，汇聚了多种生物物种和它们的基因，也为各种动物提供食物来源以及丰富多样的栖息地。

第二，植被是生态系统功能的主体，是生态系统的生产者，为人类提供衣食住行的基本材料，在维持和改善人类生存环境及提供生态产品方面也具有不可替代的作用，包括固碳、减缓温室效应、防风固沙、保持水土、涵养水源、减轻洪涝灾害等。按照目前的理解，植被提供了丰富的生态产品，具有重大的生态价值，在实现双碳目标方面具有不可替代的作用。

第三，植被是土地基本属性的综合反映，特定的气候、土壤和地形条件孕育了不同的植被，不同的植被也反映了不同的综合生态条件，热带雨林、亚热带常绿阔叶林、温带落叶阔叶林、寒温带针叶林以及草原、荒漠、苔原等植被都是在不同气温、降水等综合生态条件下形成的地带性植被类型，而草甸、水生植被、沼泽植被等则是反映土壤湿润或者积水条件下的非地带性或隐域植被类型。从这个意义上讲，植物群落也是不同生境的指示植物群落。

第四，植被也体现了国家生态本底的基本状况，是生态安全的重要标志，在生态保护和恢复、国土空间规划、生态安全等方面极其重要。植被既是生态保护的对象，也是生态恢复、生态建设以及国土空间利用的重要基础，又是"绿水青山"的具体体现。

第五，植被是农林畜牧等初级生产产业的基础。

第六，作为庇护体，植被在军事、自然灾害防御等方面的重要性也显而易见。

第七，植被在文化、休闲、康养等方面也有着重要的作用。

因此，保护植被、开展植被研究具有十分重要的科学意义和应用价值。认识和了解植被及其特征和分布，研究植被的形成、维持和变化规律，探讨植被保护与恢复策略至关重要，与此相关的植被生态学（vegetation ecology）也应运而生。

植物群落（plant community）是指一定地段上的植物有规律地组合，植物群落组成了植被，因而植被是更高层次的概念。但二者有时也混用，如森林植被和森林群落、植被调查和植物群落调查等，但群落通常更具体，如柽柳群落、芦苇群落，一般不说柽柳植被或者芦苇植被。有时个别文献中用"植被群落"的概念，实际上也是不妥当、不严谨的。

植被生态学涉及多个研究领域，包括植被的基本理论研究，如基本特征、分布、生态、分类、功能、动态，涉及生态学、地理学等；植被应用研究涉及林业、农业、草业、畜牧业等多个领域；重大生态和环境问题研究涉及全球变化、生物多样性、可持续发展、碳循环、植被恢复、生态红线划定、国土空间利用等相关领域；自然保护和管理方面，涉及自然资源管理和自然保护地建设；其他方面，如城市绿化和规划、军事等。本书以植被生态的基本理论研究为主线，着重描述和介绍黄河三角洲湿地植被的主要类型、基本特征和现状、分布特征、演替、与生物多样性保护的关系等内容。黄河三角洲的生物多样性、植被的动态特征、植被的生态价值和保护利用等在另两本书中介绍。

第二节 黄河三角洲的生态重要性

黄河造就了黄河三角洲，它是大自然的杰作。黄河三角洲是我国三大河口三角洲之一，是黄河入海地带的扇形冲积平原和海陆交错带，呈扇状凸出于渤海湾与莱州湾之间，是全世界增长最快的大河三角洲。在20世纪八九十年代，黄河每年携带的12~16亿t泥沙，可形成1 000~2 000 hm² 陆地。近十几年，由于水沙明显减少，造陆速度大大减缓。黄河三角洲拥有中国暖温带保存最完整、最广阔、最年轻的滨海和河口新生湿地生态系统，分布着中国沿海面积最大的湿地自然植被，动植物资源也非常丰富且独具特色，其中有为数众多的重要湿地鸟类（水禽），是东北亚内陆和环西太平洋鸟类迁徙的重要中转站和越冬、繁殖地，具有不可替代的生态价值。1992年国务院批准建立了山东黄河三角洲国家级自然保护区，2013年国际湿地组织将保护区正式列入国际重要湿地名录，这些都表明了黄河三角洲在湿地和生物多样性保护方面的生态重要性，及其在国内、国际的重要地位。近三十年的保护取得了重大成效，生态环境明显改善，人与自然的关系进一步协调，使得生物的种类、数量和质量都有明显提升。

同时，黄河三角洲地区拥有丰富的石油、天然气、卤水、草地等自然资源和广袤且不断增长的土地资源。从20世纪60年代至今，黄河三角洲地区一直是我国的重要经济区。20世纪60年代初胜利油田的建设、2009年黄河三角洲高效生态经济区和2011年山东半岛蓝色经济区的设立，都是国家的重大发展战略，足以说明该区域的经济重要性和地位。然而，由于黄河三角洲地区具有新生、脆弱等生态特殊性，并且受到剧烈的人为活动干扰，黄河三角洲湿地生态系统的多样性、稳定性和安全性也受到了挑战。同时，受黄河水沙变化的影响和制约，其不稳定性更加突出，面临的威胁也在增加。

黄河是中华民族的母亲河，孕育了灿烂的中华文化和黄河文化。随着全球气候变化和人类社会的发展，黄河流域的老问题尚未解决，新问题不断出现，前者如水土流失、水少沙多、决堤、水灾、经济不发达等，后者如生物多样性丧失、黄河断流、水少沙也少、水环境污染、生态退化、生态破坏等，严重影响了黄河流域生态、经济、社会的可持续发展，引起了党中央和国务院的高度重视。2019年9月18日，习近平总书记在河南考察期间主持召开了黄河流域生态保护和高质量发展座谈会，并发表了重要讲话，提出要把黄河流域生态保护和高质量发展上升为重大国家战略。他强调："要坚持绿水青山就是金山银山的理念，坚持生态优先、绿色发展，以水而定、量水而行，因地制宜、分类施策，上下游、干支流、左右岸统筹谋划，共同抓好大保护，协同推进大治理，着力加强生态保护治理、保障黄河长治久安、促进全流域高质量发展、改善人民群众生活、保护传承弘扬黄河文化，让黄河成为造福人民的幸福河。"他明确指出，黄河生态保护"要充分考虑上中下游的差异"，"下游的黄河三角洲是我国暖温带最完整的湿地生态系统，要做好保护工作，促进河流生态系统健康，提高生物多样性"。2020年1月3日，习近平总书记主持召开中央财经委员会第六次会议，研究黄河流域生态保护和高质量发展问题，并建议设立黄河口国家公园。2021年10月8日，中共中央、国务院颁布了《黄河流域生态保护和高质量发展规划纲要》，明确了背景、意义、目标、任务和措施，这是一个具有划时代意义的行动指南。黄河流域生态保护和高质量发展这一重大国家战略布局，是区域发展千载难得的历史机遇，更是黄河治理史和发展史上的一个新的里程碑。从国家战略意义上讲，黄河三角洲也是黄河下游最重要、最关键的生态区域，保护好黄河下游的生态和生物多样性，也就意味着实现了黄河国家战略中下游生态保护的主要目标。

生态保护和高质量发展是相辅相成的，生态保护是基础，是支撑，而高质量发展是落脚点，生态保护好了，经济也上去了，且实现了生态安全、能源安全、水安全、粮食安全等国家战略目标，黄河就必然成为造福人民的幸福河。这其中，植被的重要性也是不可替代的。

第三节 黄河三角洲湿地植被的地位和意义

一、黄河三角洲湿地生态系统的基本特征

黄河三角洲湿地生态系统具有年轻、多样、广阔、脆弱等几个显著的特征。

第一，原生性和新生性。黄河三角洲成陆时间很短，不到两百年，最新的河口处只有几年到十几年，从演替意义看是新生的和原始的。黄河三角洲因此也被称为"共和国最年轻的湿地"。

第二，增长的快速性。黄河携带大量泥沙，最多时每年可达 12~16 亿 t，每年可形成 1 000~2 000 hm² 新生湿地，增长是十分快速的，可以说是世界第一。

第三，丰富的生物多样性，包括基因、植物、鸟类、植被、生态系统和景观多样性等。这里是中国沿海最完整的湿地生态系统，具有重要的生物多样性保护和生态安全意义。所以，习近平总书记强调要保护和提高黄河三角洲的生物多样性。

第四，资源的多样性。黄河三角洲拥有生物、石油、页岩油、天然气、卤水、风、光、海洋、土地等多种多样的资源，在我国资源和能源安全、粮食安全等方面具有重要地位和意义。

第五，土地的广袤性。大面积的新生湿地和相关的灌丛、草地以及土地资源，彰显出黄河三角洲湿地的广阔和富饶。

第六，生态系统的脆弱性和不稳定性。受水盐制约，加之新生的特点，黄河三角洲湿地生态系统尚处于不稳定的阶段，总体比较脆弱，一旦被破坏，较难恢复。因此，加大保护和恢复力度必要而迫切。

二、黄河三角洲湿地植被概况

在中国植被分区中，黄河三角洲属于暖温带落叶区域、北部栎林亚区的暖温带北部栎林亚地带，地带性植被为落叶阔叶林。但由于受河水、海水和土壤盐渍化影响，

原生植被类型没有天然的落叶栎林等森林类型，广泛分布的是温带盐生、中生草甸和落叶盐生灌丛，自然分布的多是各类湿地植被。同时，因农业开垦、石油开发等，植被退化，次生植被普遍，在自然保护区以外的地区更是如此。

根据调查汇总和分类，黄河三角洲的自然植被主要为灌丛、草甸、水生植被、沼泽植被等植被型，黄河三角洲没有真正意义的森林植被，只有局部分布的旱柳林和其他人工林。组成黄河三角洲湿地植被的维管植物有 380~400 种和变种，属国家二级重点保护的濒危植物野大豆分布广泛，建群和优势种类较少，且多具盐生特点，以盐地碱蓬（*Suaeda salsa*）、獐毛（*Aeluropus sinensis*）、白茅（*Imperata cylindrica*）、芦苇（*Phragmites australis*）、荻（*Miscanthus sacchariflorus*）、柽柳（*Tamarix chinensis*）、旱柳（*Salix matsudana*）为建群种形成的 7 个类型的湿地植被，具有代表性和典型性。人工植被有人工林、农田、草场等。

根据 2000~2015 年的数据，黄河三角洲自然保护区内有天然苇荡超 3 万 hm²，天然草场超 1.8 万 hm²，天然实生旱柳林约 700 hm²，天然柽柳灌木林超 8 000 hm²；在孤岛附近有大面积的人工刺槐林，约 6 000 hm²，号称"万亩刺槐林"。

天然旱柳林历史上有较多分布。据记载，孤岛附近曾有大面积的旱柳林，但目前主要分布在新黄河口一带的河岸，也可以看作是黄河三角洲的原生林地类型。在黄河三角洲，天然柳林是重点保护的植被类型之一。各类人工林在黄河三角洲地区种植历史有 50 多年，人工刺槐林是面积最大的人工林。此外还有人工白蜡林、人工速生杨林等。该地区也有不少果园，如枣园、桃园、苹果园、葡萄园等，除了有一定意义的人工刺槐林，本书对其他人工林不做重点介绍。

柽柳灌丛是黄河三角洲地区天然分布的盐生灌丛类型，在黄河三角洲自然保护区内有大面积分布，是具有代表和标志意义的灌丛植被类型，也是重点保护的类型。

草甸是指以草本植物为建群种的植物群落，是黄河三角洲面积最大、最典型的天然湿地植被类型，主要类型有盐地碱蓬草甸、獐毛草甸、芦苇草甸、荻草甸等，多具有湿生性质，其中盐地碱蓬草甸、獐毛草甸兼有盐生性质。

水生和沼泽植被也是典型的湿地植被，分布在大小河流、支流和水库、塘坝和季节积水区。

农业植被主要分布在保护区以外，本书也不做介绍。

三、植被的主要特点

1. 植物区系特征：简单，多草本、盐生植物

黄河三角洲湿地植被有以下几个特点：一是植物区系成分简单，植物种类少，由于成陆时间短、地下水位高，加上受土壤含盐量高、风暴潮等自然灾害的影响，黄河三角洲地区的植物种类相对较少，自然、半自然分布的维管植物有380~400种，且多为温带成分；二是木本植物种类贫乏，自然分布的植物以草本植物为主，木本植物只有旱柳、杞柳、柽柳等少数几种；三是盐生植物多见且为优势种、建群种，如盐地碱蓬、獐毛、柽柳等；四是湿生、水生植物常见；五是外来种类100多种，表明了这里人类活动的剧烈，有些种类已经成为入侵种类，如互花米草、喜旱莲子草、水葫芦等，以水生和湿生植物为主的种类很普遍，如芦苇、泽泻、香蒲、莎草、盐地碱蓬等，为鸟类提供了栖息地和食物。

2. 植被类型、结构和外貌特征：类型和结构简单，外貌多样

植被类型和结构也较为简单。以盐地碱蓬、獐毛和芦苇为建群种的盐生草甸植被最为广泛和普遍。最广泛分布的灌丛是柽柳群落。森林类型原生的只有旱柳林。

无论是森林、灌丛还是草甸，群落结构都很简单，一般只有1~2个明显层次或者1~2个亚层。群落的外貌呈现出明显的季相特征，特别是盐地碱蓬、芦苇、荻、白茅、柽柳几个建群种形成的群落，外貌的四季变化非常明显，夏秋季节，远远望去，蔚为壮观，类似于内蒙古大草原的景观。详细描述见后面对各个类型的介绍。

3. 植被的典型特征：原生性、简单性、脆弱性和变化频繁性

黄河三角洲湿地和湿地植被的典型特征可以概括为原生性、年轻与简单性、脆弱性和动态变化的频繁性4个方面。

一是原生性。由于黄河三角洲成陆时间短，许多区域，特别是黄河口和近海地区，植被基本上是自然状态，缺少大范围的森林植被类型。大面积分布的盐地碱蓬、芦苇、柽柳等耐盐性植被类型，更反映出这一地区土壤轻度盐渍化和受黄河水沙综合影响的原生生境特征。这些类型及特征对于研究植被演替、动态、维持机制以及植被保护与恢复是极其难得的天然实验素材。

二是年轻与简单性。黄河三角洲植被和湿地生态系统大多处于演替的初级阶段，稳定性很差；组成黄河三角洲植被的植物种类也比较简单，多为盐生和盐中生植物，优势种和建群种类只有十多种，如盐地碱蓬、柽柳、芦苇等；区系成分中以各种温带成分为主；生活型组成上，地面芽、地下芽等植物占优势。这些特征也从侧面反映出这一地区冬季较为寒冷和土壤的盐渍化。

三是脆弱性。由于黄河三角洲受濒临海洋、地下水位浅、矿化度高、黄河水沙变化大等因素的综合影响，植被和湿地生态系统非常脆弱。天然植被一旦遭受破坏，次生盐渍化速度极快，很难恢复成原有的类型。如根据记载，在孤岛附近，20世纪50年代还有大面积的旱柳（*Salix matsudana*）林，目前已经没有自然生长了；白茅群落在20世纪五六十年代有大面积分布，目前分布范围已很小，"看草开荒"即指有白茅的地段可以开垦为农田，因为白茅群落下的土壤盐分已降至0.6%以下；相反，耐盐的盐地碱蓬群落和次生裸地却大面积增加，说明生境的破坏和植被的次生演替在发生。

四是动态变化的频繁性。黄河三角洲的陆地面积每年仍在增加，黄河携带的大量泥沙不断淤积，使得黄河口地区的陆地面积不断向海淤进，淤积物中所携带的养分加上适宜的环境条件，不断地为自然保护区的植物资源由陆地向海岸方向发展创造良好条件，因此，植物群落的产生、发展和演替很频繁。同时，由于黄河水沙的大量减少和河口的凸出，海蚀作用也在加剧。一方面是河口的快速推进，另一方面是陆地的

侵蚀，这些变化导致植被动态变化剧烈、次生退化演替加剧，给植被保护和恢复增加了难度。比如，柽柳群落受海水影响，经常大面积死亡；而盐地碱蓬群落只要有适宜的生境就可以出现，说明这里的土壤盐分还是比较高的。

4. 植被的动态特征：快速，频繁，多种演替并存

黄河三角洲是我国乃至世界大河中海陆变迁最活跃的地区，而现代黄河三角洲又是该地区造陆最年轻、河道变迁最频繁、植被演替最快的区域，具有典型性和独特性，这一地区是研究植被动态变化的理想区域和天然实验室。黄河三角洲新生湿地的植被演替是山东省为数不多的具有原生演替性质的类型。除此之外，由于洪水、风灾、人类活动等原因，黄河三角洲的植被也在发生着次生演替，原生演替与次生演替并存，快速演替与长期演替并存，使黄河三角洲湿地植被拥有多种演替并存的特征，具有不可替代的学术价值。随着黄河三角洲的继续开发，湿地植被的格局必将发生剧烈改变，而国家公园的建设无疑将对植被保护产生积极作用，推进正向演替。所以，掌握植被的原始数据显得尤为重要。在山东省，黄河三角洲是盐生草甸、盐生柽柳灌丛的典型分布区。因此，开展黄河三角洲湿地植被的研究对山东省乃至全国都具有重要的典型意义。另外，黄河三角洲由于其得天独厚的地理位置和与周围地区不同的自然条件，其生物多样性特点也较为突出，主要表现在以盐生或盐中生植物为建群种的盐生草甸、灌丛植被和栖息于植被中的300多种鸟类，这种自然现象是周围其他地区所不多见的。因此，黄河三角洲植被演替的研究对全世界的植被研究都有着重要的学术意义。

5. 黄河三角洲植被的区域地位和意义：地位重要，意义重大

黄河三角洲植被在中国植被区划中属于暖温带北部落叶栎林亚地带，鲁西北平原及鲁北滨海平原栽培植被区中的鲁北滨海平原栽培植被，植被区下划分为滨海盐生草甸植被小区和内陆栽培植被小区。

由于受黄河和近海的影响，黄河三角洲地下潜水矿化度达 30~50 g/L，土壤中盐

分含量为 0.6%~3.0%，甚至更高，这就限制了森林的形成，而大面积分布的是以耐盐或适度耐盐的草本植物为主的盐生草甸植被和小面积的灌丛植被。因此，尽管黄河三角洲隶属于暖温带落叶阔叶林区域，地带性植被应是落叶阔叶林，但是它的现状植被是一种非地带性的滨海平原盐生草甸，属于隐域植被。

黄河三角洲地区的滨海盐生草甸植被位于山东植被中的典型盐生草甸主要分布区，具有特殊的物种组成和外貌特征。主要分布有以芦苇、碱蓬、盐地碱蓬为建群种的盐生草甸和以柽柳为代表的盐生灌丛。黄河三角洲西北部有贝壳形成的贝壳砂沙滩（俗称贝壳堤），其上形成的砂生植被，也是一大特色。

黄河三角洲植被的植物种类比较简单，生活型组成上以地面芽、地下芽及一年生植物占优势。虽然植物种类不丰富，但分布着一些有区域特色的植物，如盐地碱蓬、柽柳、芦苇等，它们丰富了山东植被的类型，是山东植被的重要组成部分。

黄河三角洲植被的一个重要特征是植被的原生性，由于黄河三角洲成陆时间短，在许多地方，特别是黄河口和近海地区，植被基本上是自然状态，并且处于快速的变化当中，这对于研究植被动态及植被保护与恢复是极其难得的天然实验素材。几十年来，黄河三角洲成为中国植被研究中的重点和热门区域，取得了大量的研究成果，丰富了中国植被研究的资料。

四、植被的重要性

黄河三角洲生物多样性保护与恢复是黄河国家战略的重要内容之一，也是区域生态保护的首要任务。黄河三角洲植被作为生物多样性的重要组成部分和其他生物多样性的载体，在生物多样性保护中具有不可替代性。建设黄河口国家公园是落实习近平总书记"提高黄河下游生物多样性"重要指示的最佳途径和实现方式。加强黄河三角洲湿地植被的研究，探讨其形成、维持和演化机制，对提高生物多样性、维持区域生态安全和可持续发展以及建设黄河口国家公园方面具有重要的学术价值和实际意义。

国家公园是我国自然保护地的主体，其首要功能是对重要自然生态系统的原真性、完整性保护。黄河口国家公园的设立，既是落实黄河国家战略的举措，也是保护和提高黄河三角洲生物多样性的最佳途径。

黄河三角洲植被作为重要的自然资源、环境要素及物种与基因库的载体，在黄河口国家公园建设中意义重大。植被状况如何，不仅影响到相关的生物多样性，也关系到国家公园的长期性和稳定性。黄河三角洲以盐生或盐中生植物为建群种组成的盐生草甸和灌丛植被为明显特征，栖息于植被中的鸟类达数百种，天然草地和栖息其中的鸟类成为黄河三角洲重要的自然景观，是提供更多更好的生态产品的基础。保护和增加这一地区的植被覆盖，对于生物多样性保护和改善城市与油田的环境也极为重要。同时，天然草地和灌丛也是研究植被的发生和演替、恢复与重建模式难得的场地，是研究河口生态系统的天然"实验室"。在保护的同时，加强基础研究，包括土壤水盐动态特征、植物区系组成、植被动态规律、植被生产力等方面，探讨其形成、维持和演化机制，为植被保护与恢复提供最基础的第一手资料和科学依据意义重大，对提高生物多样性、维持区域生态安全和可持续发展和建设国家公园方面具有重要的学术价值和实际意义。

黄河三角洲大面积的草甸和沼泽植被为鸟类的栖息、生存、繁衍、迁徙等提供了生境和食物，生态保护和修复的开展，使得黄河三角洲的湿地植被覆盖明显增加，芦苇、盐地碱蓬的分布范围也在扩大，鸟类的种类和数量也随之大大增加，如丹顶鹤、东方白鹳、黑嘴鸥等重点保护种类。所以湿地植被在研究生物多样性保护、生物多样性之间的关系、生物多样性保护与生境保护的关系等方面具有特别重要的意义。

此外，大面积的天然草地和人工草地成为该地区农牧业发展的重要基础和支撑；黄河三角洲有多种多样的资源植物，有可持续利用前景；植被类型多样性和覆盖率的提高，对于改善城市和油田的环境是极为重要的；天然植被，特别是河口地区的盐地碱蓬群落、芦苇群落、柽柳群落等植被类型，是黄河三角洲独具特色的自然景观之一，保护好这一景观，不仅保护了珍稀植物和动物，也为人们提供了良好的生态旅游、休闲景观等，这些方面的社会和文化意义也非常重要。

第四节　黄河三角洲湿地植被研究简史

山东大学是最早在黄河三角洲地区开展植被研究的科研单位。生态学科自 20 世纪 50 年代以来，在黄河三角洲植被研究方面开展了一系列工作，涉及植被分类、植被组成与结构特征、植被动态与退化、植被保护和利用、植被与土壤微生物的关系等多个方面，为黄河三角洲生物多样性保护和自然保护区的建立提供了重要的基础资料，为生态保护和修复提供了科学依据。2021 年，作为对山东大学 120 年校庆的献礼，王仁卿等人全面、系统地回顾并总结了山东大学生态学科有关黄河三角洲植被的研究成果，主要内容包括以下几个方面。

一、几个主要研究阶段

1. 描述性的局部调查研究阶段

黄河三角洲植被研究开始于 20 世纪 50 年代，相关研究多属描述性的局部调查。山东大学周光裕等（1956）于 1955 年开始了黄河三角洲植被的调查研究，在《山东沾化县徒骇河东岸荒地植物群落初步调查》一文中，对徒骇河东岸荒地的植物区系、群落类型、分布规律、改造与利用等做了较为全面的论述，为黄河滩地的荒地开发提供了科学依据。该文可以认为是最早的研究黄河三角洲植被的文献。此后，其他单位的不同学者也做了很多研究，陈唯真（1980）分别从植被学和草地学角度对黄河三角洲部分地区的草地植被进行了研究。惠民地区林业局（1986）、潍坊地区林业局（1986）、山东省畜牧局（1987）的调查工作中也涉及了黄河三角洲的草地植被。

2. 实验性的大范围数量研究阶段

从 20 世纪 80 年代中期到 21 世纪初，相关研究逐渐扩大范围，涉及整个黄河三角洲区域，并开始实验性的定量研究。山东大学鲁开宏、李兴东等最早开始实验性的定量研究：鲁开宏（1987）对鲁北盐生草甸獐毛群落生长季动态进行了定位研究，发现土壤盐分变化是獐毛群落动态变化的关键因素；李兴东（1988）利用典范分析法，对黄河三角洲植物群落与环境因子间的对应关系进行了研究，结果表明，该地区植被的动态变化与土壤水盐及有机质含量的动态变化显著相关。1988~1992 年，王仁卿、张治国等对黄河三角洲植被进行了全面、系统的调查，并总结了近二十年有关黄河三角洲地区主要植被类型、植被发生及演替规律、植物资源利用等的文献，有关成果发表于 1993 年《山东大学学报》（自然科学版）的《黄河三角洲植被研究专辑》，为后续的黄河三角洲植被研究奠定了基础。该成果获得了 1994 年国家教委科技进步二等奖。此外，王海梅等（2006）对不同植被类型和不同土地利用方式与土壤性状的相互关系进行了研究。

3. 多尺度针对性的重点研究阶段

21 世纪以来，山东大学生态学研究团队从多个尺度、采用不同的研究方法和技术，对黄河三角洲植被分布格局及影响因素等方面进行了研究。附录 1 列举了 2000~2021 年二十余年间山东大学生态学研究团队开展的一系列研究，充分证实了水盐条件及其组合、变化是影响植被空间分异的主要因素。郭卫华（2001）从微观尺度上开展了研究，通过等位酶标记，对黄河三角洲湿地芦苇种群的遗传多样性进行了一系列分析，发现芦苇具有较高的遗传变异水平，盐渍化生境和淡水生境中的种群在遗传上明显分开，芦苇种群的遗传多样性受多种因素的综合作用，初步揭示了芦苇作为广布优势种类的遗传学证据。此项工作也为后来的多个国家自然科学基金项目的获得奠定了基础。余悦（2012）从宏观尺度上对黄河三角洲地区植被的数量、种群分化等进行了研究，认为该区域主要的植被类型是灌丛和盐生草甸，组成十分单调，群落结构单一，容易受到各种人为和自然力的破坏，加强保护和恢复刻不容缓。此后，3S 技术也越来越多地被山东大学学者应用于研究黄河三角洲动态变化上。宗美娟（2002）通过对黄河三角洲地区的主要植被进行数字化模拟发现，新生湿地上占主要地位的是草本植物，优势种明显，但物种多样性并不突出；植物区系成分表现出过渡性特点，植被从沿海向内陆分布有明显的生态演替现象；张高生（2008）运用 RS、GIS 对黄河三角洲地区 1977~2004 年近 30 年间的群落演替和植被动态进行了分析研究，发现现代黄河三角洲植物群落自然演替属于原生演替，演替过程与土壤水盐动态关系密切，在无人为干扰的情况下，演替序列为裸地→盐地碱蓬群落→柽柳群落或草甸，演替活跃区主要集中在北部和东部近海岸区和东南部黄河新淤进区域；吴大千（2010）同样运用 RS 和 GIS 技术，系统地研究了黄河三角洲植被的空间格局，得出了基本相同的结论，即土壤水分和盐分的交互作用是影响黄河三角洲植被环境关系的决定性要素，植被空间格局在大尺度上存在基于地形要素的水分再分配调控作用；韩美（2012）通过多期遥感影像，对黄河三角洲湿地动态与补偿标准进行了研究。此外，张秀华（2018）从自然保护区角度介绍了黄河三角洲自然保护区的生物多样性保护；徐恺（2020）则从湿地大型底栖动物与土壤微生物方面开展了研究。

山东大学在数十年的黄河三角洲植被研究中，培养了一大批本科、硕士和博士，为中国的植被研究和生态建设输送了人才。此外，中国科学院多个研究所、北京师范大学、山东师范大学、滨州学院等也从不同角度对黄河三角洲植被进行了研究。

二、黄河三角洲植被研究的主要成果

1. 黄河三角洲植被的分类研究

植被分类是植被生态研究的重要内容，也是植被保护、利用、恢复的依据。山东大学学者最早开始了黄河三角洲植被分类研究，并提出了分类方案。在 1993 年发表的《黄河三角洲植被研究专辑》中，王仁卿等（1993c）提出了黄河三角洲植被的分类原则、单位、依据和分类体系，对主要群系进行了详细的介绍和描述；根据土壤盐分及水分条件，将黄河三角洲植被划分为灌丛和草甸两个大类。参照《中国植被

（1980）》的分类原则和单位与系统，依据黄河三角洲植被本身的特点和生境特征，将黄河三角洲植被的分类单位定为植被型、群系和群丛三级。自然植被主要包括灌丛、草甸、水生植被和沼泽植被 4 个植被型和 18 个主要群系。主要群系有盐地碱蓬群落（Form. *Suaeda salsa*）、獐毛群落（Form. *Aeluropus sinensis*）、荻群落（Form. *Miscanthus sacchariflorus*）、芦苇群落（Form. *Phragmites australis*）、柽柳群落（Form. *Tamarix chinensis*）、旱柳群落（Form. *Salix matsudana*）等。此外，划分了 32 个常见群丛如柽柳 – 盐地碱蓬群丛（Ass. *Tamarix chinensis-Suaeda salsa*）、白茅 – 狗尾草群丛（Ass. *Imperata cylindrica-Setaria viridis*）等。王仁卿等人（1993c）对栽培植被也进行了简单的划分和描述。这些成果多为学者们认可和使用。后来，张高生和王仁卿（2008）对现代黄河三角洲植物群落进行了数量分类，分类结果与传统分类基本一致，但方法上更注重了植被的数量特征。

2. 黄河三角洲植被的组成、结构、动态等特征研究

植被的基本特征包括种类组成、结构、动态等。王清、王仁卿等（1993）在大量野外调查工作的基础上，对黄河三角洲的植物区系进行了较为全面、详细的分析，对黄河三角洲种子植物属的 15 个分布区类型、建群植物等情况进行了描述，并得出黄河三角洲植物区系包括 48 个热带属和 87 个温带属，其中温带属在该区系中占有最大优势的分析结果，充分说明了黄河三角洲植物区系的温带性质；王仁卿、张治国等人（1993b）对黄河三角洲主要植被类型的外貌、结构、物候等特征做了详细描述；宗美娟、王仁卿（2002）通过随机采样的方法从多层次对黄河三角洲新生湿地上的主要群落类型进行了分析，并对主要植被类型进行了数字化模拟研究，发现植物区系成分带有过渡性特点，物种多样性并不突出，但优势种类明显，从沿海到内陆主要植被的分布表现出明显的生态序列。此外，宋玉民等人（2003）对黄河三角洲重盐碱地的土地现状下的植被特征进行了分析；邢尚军等人（2003a）研究了黄河三角洲植被的基本特征，并分析阐述了植被演替的基本规律和过程；李峰等（2009）对近代黄河三

角洲湿地水生植物的构成及主要物种的生态位进行了研究；宋创业、刘高焕等人（2009）对黄河三角洲地区植物群落的类型和结构进行了研究；王雪宏等人（2012）研究并比较了黄河三角洲湿地植被的生态特征。

3. 黄河三角洲植被的动态与恢复研究

植被动态和演替反映了植被的形成、变化和发展趋势，也是植被保护和恢复的科学依据，因而一直是植被研究的热点。山东大学研究团队在这方面的研究开展得比较早，并取得了许多成果。1989~1992年，李兴东（1989a，1991，1992）连续研究了黄河三角洲草地的退化状况及原因，并就退化程度与累计开发时间的关系进行了初步的数学模拟，发现开发时间越长、强度越大，对植被退化的影响就越大，恢复就越困难；他还利用典范分析法对植物群落与环境因子间的对应关系进行了研究，对黄河三角洲植被进行了定量化的研究，并对黄河三角洲草地演替和退化机制进行了较为深入的探讨。Zhang等人（2007）研究了现代黄河三角洲植被演替度、演替过程及其与环境因子的关系。吴大千、王仁卿等人（2009）研究了黄河三角洲植被指数与一系列地形要素间的尺度依赖关系。谭向峰等（2012）分析并解释了黄河三角洲滨海草甸群落与土壤因子的关系和变化规律。此外，谷奉天等人（1986，1991）对现代黄河三角洲草地及其演替规律进行了多项研究；吴志芬等人（1994）在黄河三角洲主要盐生植被类型研究的基础上，进一步定量研究了植被与土壤盐分的相关关系；田家怡等人（2005b）研究了生态系统保护与恢复技术；谭学界等人（2006）揭示了水深对植被空间分布的影响；Jiang等人（2013）研究了黄河三角洲植被对降水、温度等环境因素的响应；Liu等人（2018）、Liu等人（2019）对黄河三角洲植被与土壤性质的关系进行了研究。

4. 黄河三角洲植被的保护利用研究

植被的保护利用是植被应用方面的研究，保护的目的就是为了更好地利用植被。鲁开宏在植被的保护利用方面做了系列研究和报道，如"试论鲁北滨海盐土草场合理开发利用"（1985）、"鲁北滨海盐生草甸獐毛群落的季节动态"（1987）等，对黄河三角洲典型群落的生长季动态及草地的开发利用方式和强度进行了较为深入的探讨；李兴东在"典范分析在黄河三角洲莱州湾盐生植物群落研究中的应用"（1988）、"黄河三角洲的草地及其开发利用与保护的初步研究"（1989a）中，为早期黄河三角洲植被的保护和利用提出了建议和对策；张治国、王仁卿（1994）对黄河三角洲植被的保护利用和改良进行了系统研究，并对区域内的牧草质量进行了评价；周光裕等人（1989）的"中国黄河三角洲草地的研究"、李兴东等人（1990）的"黄河三角洲盐生草甸白茅群落的研究"等也对黄河三角洲的植被管理和开发利用进行了有益的探索。

5. 黄河三角洲植被与土壤微生物关系的研究

植被与土壤微生物的关系，是20世纪以来新的研究热点。余悦等人（2012）研究了黄河三角洲植被原生演替中土壤微生物多样性及其与土壤理化性质的关系，是这方面研究的最早报道；徐恺（2020）从黄河三角洲湿地大型底栖动物和土壤微生物的群落结构及其相互影响方面进行了探讨。此外，夏江宝等人（2019，2020）通过测定分析土壤微生物等指标，探讨了黄河三角洲不同植被类型对土壤的改良效果，以及黄河三角洲地区不同植被类型下土壤颗粒分布的多重分形特征，揭示了植被对土壤改良的分形机理；王家宁等人（2020）研究了黄河三角洲区域土壤微生物种群和功能是如何随植被变化的；党消消等人（2020）、Gao 等人（2021）研究了黄河三角洲植被原生演替过程中土壤微生物群落的结构组成和动态变化规律。

6. 群落构建等研究

植被研究涉及范围很广，研究方法也从描述到定量、从观测到实验、从随机到定位、从宏观到微观。最近十几年，更多的研究围绕着群落构建、群落形成和维持机制、植被制图、植被志编研等开展。衣世杰（2021）以黄河山东段（侧重于黄河三角洲）湿地植物群落构建和初级生产力调控机制为题，开展了富有探索性的群落构建的研究；王仁卿等人结合黄河生态保护和高质量发展国家战略的实施及黄河口国家公园的建设，正在进行湿地植被研究的总结和专著的编写（包括本书）。

7. 其他单位的相关研究

1952 年，山东省人民政府棉垦委员会为了开发山东省的荒地资源，组织了对全省沿海盐荒地的勘查，其中涉及黄河三角洲植被的内容。在勘查报告中提到，沿海荒地分布的主要植物有 31 种（其中 6 种为误定），成片分布的有 6 种（即植被生态学所指的建群种），即黄须菜（盐地碱蓬）、马绊草（獐毛）、芦草（芦苇）、荻（实为白茅）、茶棵（罗布麻）和柽柳。报告同时指出，在孤岛有成片的天然柳林分布。这是有关黄河三角洲植被最早的记载。由于受时代所限，当时并未从植被和植物群落学角度进行研究和论述，但该勘查工作对之后的研究却具有极重要的参考价值。

随着黄河三角洲植被研究的进展，研究内容和方法不断扩展和深入，对黄河三角洲主要物种个体、种群水平上的研究也更加细致。植物生理生态学的研究手段对于探讨当地主要物种对于环境因子的适应起了重要的作用。赵可夫等人（1998，2000）对黄河三角洲不同生态型芦苇对盐度的生理适应进行了细致研究。崔保山等人（2006）则研究了芦苇种群特征对水深环境梯度的响应，研究认为，水生环境植物群落间的相似性程度较大，而旱生环境植物群落间相似性程度较小。刘富强等人（2009）对黄河三角洲柽柳种群空间分布格局进行了研究，结果表明，柽柳种群空间分布格局属于聚集分布。赵欣胜等人（2009）运用点格局分析方法（SPPA），研究了黄河三角洲柽柳在不同水深梯度下的空间分布格局，结果表明，水深小于 0 m 时，柽柳在 0~6 m 空间尺度内都不同程度地呈现出集群分布，即在不同水深梯度下，柽柳空间分布格局在尺度变换时呈现出不同的规律。后来的研究越来越多地关注于人类活动对黄河三角洲的影响。房用等人（2009a）对黄河三角洲不同人工干扰下的湿地群落种类组成及其成因进行了研究，认为人工干预改变了植物群落的自然格局。梁玉等人（2008b）分析了不同植被恢复类型对植被多样性的影响。梁玉等人（2009）通过对黄河两岸植被的差异性分析，认为人工恢复工程的实施促进了黄河三角洲湿地的正向演替。2010年，房用和刘月良主编完成了《黄河三角洲湿地植被恢复研究》一书，书中关注了湿地退化生态系统的恢复模式和技术以及保护区建设管理与保护对策。另外，随着经济的发展，越来越多的人认识到外来物种的利弊，因此对黄河三角洲的外来物种也给予了关注。刘庆年等人（2006）初步确定了黄河三角洲外来入侵有害生物大约有70种，其中外来入侵有害动物15种、有害病原微生物7种、有害植物48种。杨光等人（2005）对黄河三角洲地区大米草的入侵与防治对策进行了探讨。

滨州学院田家怡教授及山东省黄河三角洲生态环境重点实验室对黄河三角洲植被方面的问题开展了大量的研究工作，研究内容主要涉及黄河三角洲贝壳堤岛、植物名录、外来物种等几个方面。其中，对贝壳堤岛的研究包括植物多样性保护（2001）、灌木生理生态（2009，2010）、生态系统破坏现状及保护对策（2009）、建群植物养分吸收积累特征（2010）、生物多样性现状及影响因素（2010）、植物多样性分析（2010）等方面；植物名录方面的研究主要在浮游植物方面（2000），通过对黄河三角洲9条代表性河流和3座代表性水库进行的2~6次浮游植物调查，共鉴定出浮游植物291种（含变种），隶属于8门41科97属；外来物种方面的研究主要围绕米草展开，研究内容包括生态因子对米草扩散的影响（2008），米草的现有分布面积与扩展速度（2009），米草的生物学与生态学特性（2009），米草对底泥微生物群落（2009）、海涂浮游动物（2008）、海涂浮游植物（2008）、盐沼生物群落（2010）、滩涂底栖动物（2009）、滩涂鸟类（2008）的影响，这为黄河三角洲的外来物种入侵研究与防治奠定了良好的科学基础。

8. 未来研究趋势

黄河生态保护和高质量发展重大国家战略的实施，对生态研究提出了更新、更高的要求，需要为国家战略的实施提供更多的科学依据和支持。例如，植被发生和维持机制，水盐动态与植被格局，黄河水沙动态和尾闾摆动对植被的影响，植被与物种多样性的保护，植被的恢复、重建及合理利用，外来有害物种的防治等重大科学问题需要尽快开展深入研究，这对黄河三角洲湿地生态系统和植被研究来说无疑是新的历史发展机遇，研究范围、力度和深度都将大大加强。随着研究技术与手段的不断提高、研究内容的不断拓展和深入，长期定位和综合观测、多学科综合研究、遥感和无人机的利用等是黄河三角洲植被研究的趋势，有可能在解决重大问题方面发挥作用，而植被研究无疑是必要的基础。

第五节 黄河三角洲植被编写原则和说明

山东大学是最早在黄河三角洲地区开展植被研究的单位。生态学科自 20 世纪 50 年代以来，在黄河三角洲植被研究方面开展了一系列工作，涉及植被分类、植被组成与结构特征、植被动态与退化、植被保护和利用、植被与土壤微生物的关系等多个方面，本书是在 1993 年《黄河三角洲植被研究专辑》的基础上的拓展、深入和补充，特别是补充了 2000 年以来黄河三角洲植被研究成果，旨在为黄河生态保护和高质量发展国家战略提供科技服务，为解决黄河三角洲生态保护、生态恢复、生物多样性提高等重大科技问题提供数据和理论支撑，期待为黄河口国家公园建设和生物多样性保护与提升提供有价值的基础数据和科学资料。

本书的编写原则和说明如下。

一、编写原则

本书的编写基于以下几个原则。

第一是原创性原则。除了"生态条件"一章的内容是参考和借鉴自他人已有的成果和资料外,本书其他章节的大量数据和资料都是本团队几十年来在黄河三角洲地区考察、研究所得,属于原创性成果的总结。

第二是生态性原则。生态性是本书的特色和基调,作为专业性强的著作,力求能够为黄河三角洲生态保护和生物多样性提升提供更多有价值的科学依据和参考。与同类著作相比,本书增加了样地数据和表格。有关生态旅游、植被的开发利用等内容在一定范围内涉及,但不作为主要内容。

第三是实用性原则。本书力求能够为更多读者喜欢和使用,因而增加了对植被、植被与生物多样性等概念的介绍,并配有大量群落调查表、分布图、照片等,语言也尽可能通俗易懂。

二、编写说明

(1)内容选取。由于黄河三角洲范围小,类型简单,对其分区、分类只是进行了简单说明,不做过多的论述。

(2)章节编排。本书不是按照一般植被专著常用的"总论、上篇、中篇、下篇"的体例,而是连续编排章节,以对植被类型的介绍和描述为本书的主体。第五至八章的题目为植被型或者亚型,节基本以群系为单位描述,既能反映出该区域的优势植被类型,也使读者容易掌握和理解。

(3)照片。为了便于读者直观地了解、欣赏和使用,除了各章中穿插的照片,后面还附有大量的植被照片。

(4)原始性。由于文中使用的样地调查来自不同的年代和调查人员,调查时尚无最新的规范。书中所列调查汇总表格仍然是传统的样地记录内容。今后,随着调查的规范化(王国宏等,2020)和国家公园的建设,在进行修订时将按照统一标准设置样地和调查,并进行分析。

第二章
影响和决定黄河三角洲
湿地植被的生态条件

第一节 地理条件

一、地理位置和范围

黄河三角洲是黄河入海地带的扇形冲积平原，位于渤海湾南岸和莱州湾西岸，地处 117°31′~119°18′ E 和 36°55′~38°16′ N 之间。从植被分区意义上讲，这一区域属于暖温带落叶阔叶林范围。

对于黄河三角洲的概念与范围，有许多不同的理解，包括狭义、广义、经济地理意义上的黄河三角洲等。狭义的黄河三角洲指地理意义上的黄河三角洲，包括近代黄河三角洲、现代黄河三角洲和新黄河三角洲。近代黄河三角洲是指以垦利区胜坨镇宁海为顶点，北起套尔河、南至支脉河的扇形地域，总面积约 5 400 km²，主体在东营市，约 5 200 km²，少部分涉及滨州市，约 200 km²。经济地理意义上的黄河三角洲主要包括东营和滨州两市及周边地区，面积约 2.1 万 km²。而更大范围的概念是 2009 年国家确定的"黄河三角洲高效生态经济区"，范围涵盖德州、淄博、东营、滨州、潍坊和烟台 6 个市的 19 个县（市、区），面积约 2.65 万 km²（图 2-1）。

二、本书调查研究范围

本书以近代黄河三角洲为主要调查区域，涉及经济地理意义的黄河三角洲，重点调查研究的是黄河三角洲国家级自然保护区的陆域部分（图 2-2）。

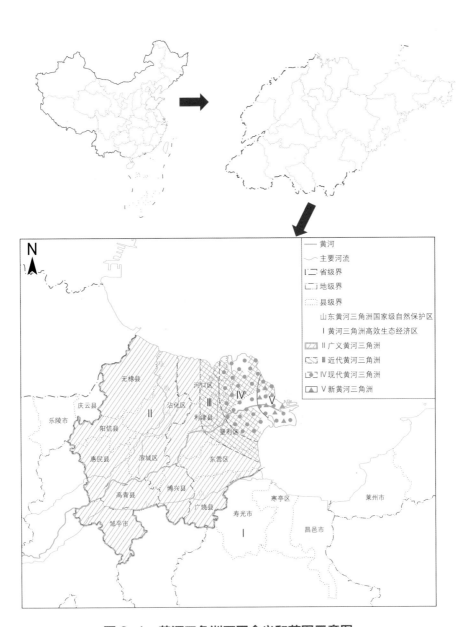

图 2-1 黄河三角洲不同含义和范围示意图

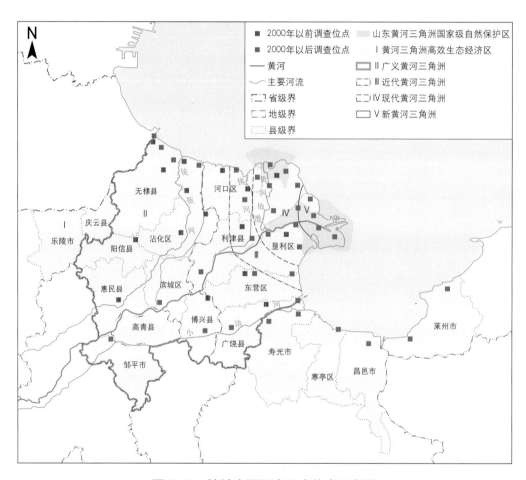

图2-2　植被主要调查研究位点示意图

第二节 地质、地形及水文

一、地质

黄河三角洲地区处在中朝古陆的华北地台上，位于郯城－庐江大断裂的西侧、济阳坳陷的东部、渤海坳陷的南侧，主要受华夏构造体系和北西向构造的控制，为中新生代断块－坳陷盆地。

黄河三角洲地区处在古老的变质岩基底上，沉积地层较全，地层总厚度达万米，地层自下而上可分为太古界、古生界、中生界和新生界 4 个层次。新生界不整合地覆盖于所有老地层之上，为滨海湖相－河流相沉积，沉积厚度约 7 km，其原生和次生孔隙均极发育，是主要的生油层。岩性包括老第三系、新第三系和第四系的沉积物。

表层物质是全新世沉积，主要有黄河冲积物和海积物两大类。

黄河三角洲在地质构造上位属济阳坳陷东部。主要断裂方向有北东、北西和近东西三组，各组断裂发生、发展和延续时间不同，互相切错，形成带状构造体系。由于各个块体相对运动，形成了凸起和凹陷相间排列的格局。在长期地质发展中，各凹陷和凸起在不断地下降或相对抬升，形成了多种类型的局部构造。

黄河三角洲的特殊地质条件使得该地区埋藏着丰富的石油、天然气、卤水和地热资源。其中石油、天然气、卤水资源已探明储量居中国沿海之首。最近还发现了储量很大的页岩油。

二、地形

黄河是黄河三角洲地貌类型的塑造者，该地区地貌形态复杂，类型较多。主要有以下 3 种地貌类型。

第一种陆地地貌，为三角洲平原地貌，地势低平，西南部海拔 11 m，最高处利津南宋乡河滩高地高程为 13.3 m，老董－垦利一带 9~10 m，罗家屋子一带约 7 m，东北部最低处小于 1 m，自然比降 1/12 000~1/8 000。区内以黄河河床为骨架，构成地面的主要分水岭。

微地貌类型有河成高地、微斜平地、洼地、河口沙嘴等。微斜平地是河成高地与河间洼地之间的过渡地带的地貌形态，向背河倾斜，坡降为 1/7 000~1/3 000，是黄河三角洲的主要地貌类型，也是植被分布最主要的地域。从卫星遥感图（图 2-3）可以看出该区域的陆地地貌特征。

其他还有潮滩地貌、潮下带地貌等类型。

地形，特别是微地形，对黄河三角洲植被的空间水平分布影响很明显。由于微地形的变化，水分和盐分随之变化，植被类型也就表现出明显的差异。这一特点将在后面的植被演替和动态一章中介绍和描述。

三、水文

黄河三角洲的河流水系非常发达，主要的河流除了黄河之外，还有漳卫新河、马颊河、德惠河、徒骇河、挑河、宋春荣沟、支脉河、小清河等。从东营市的水系图（图 2-4）可以看出这一区域发达的水系。

黄河在滨州和东营市境内的长度约 230 km，近代黄河三角洲的影响面积为 5 400 km²。黄河是三角洲的生命线，对黄河三角洲的影响和作用最大，黄河的水流量、泥沙含量、尾闾摆动等对黄河三角洲的形成、维持和动态起着决定性作用，因而它也直接或间接对植被产生或大或小的影响，也是不可忽视的生态条件。

马颊河、徒骇河、支脉河等河流对黄河三角洲也有一定的影响。

黄河三角洲地下水浅层淡水资源主要分布在小清河以南广饶县境内，小清河以北多属咸水区，浅层地下水矿化度为 5~20 g/L。

海岸属于粉砂淤泥质海岸类型。

图 2-3　近代黄河三角洲卫星遥感图

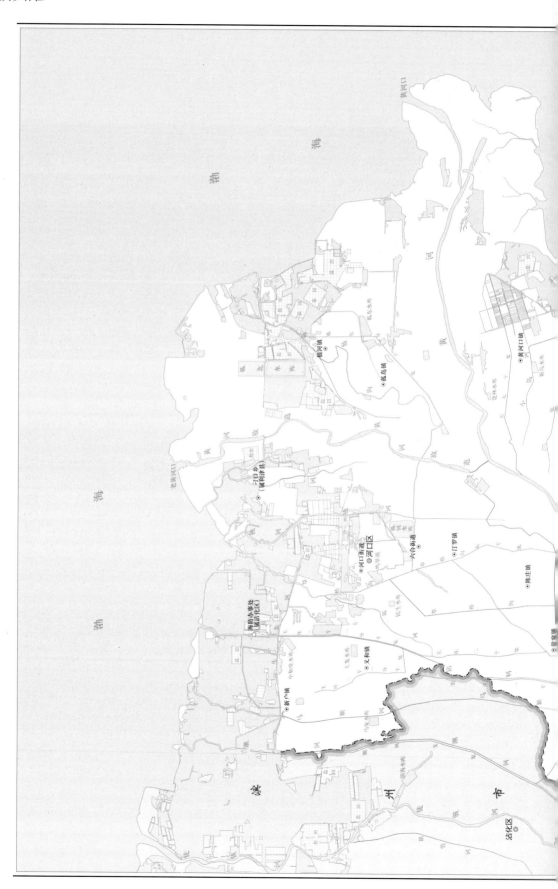

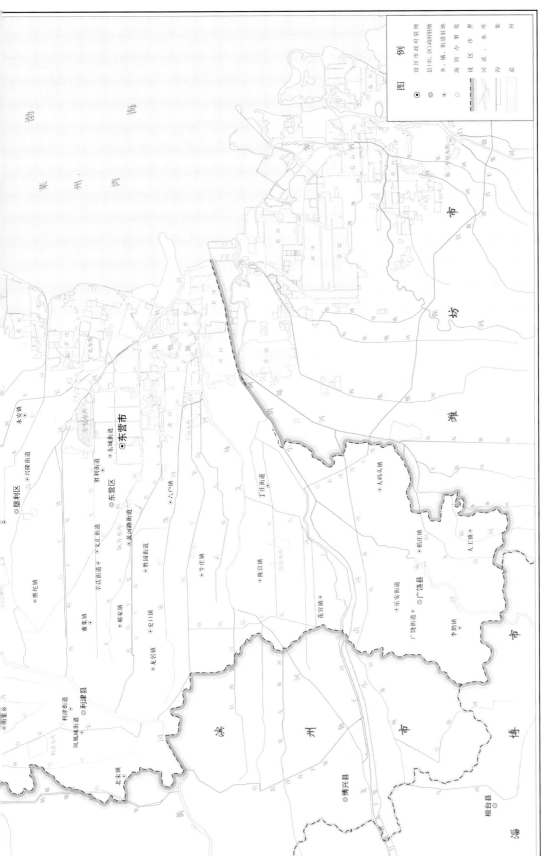

图 2-4　东营市水系图

第三节 气候条件

黄河三角洲位于暖温带,背陆面海,受欧亚大陆和太平洋的共同影响,属于暖温带半湿润大陆性季风气候区。基本气候特征为冬寒夏热,四季分明。春季干旱多风,早春冷暖无常,常有倒春寒出现,晚春回暖迅速,常发生春旱;夏季炎热多雨,温高湿大,偶有台风侵袭;秋季气温下降,降雨明显减少,天高气爽;冬季天气干冷,寒风频繁,雨雪稀少,主要风向为北风和西北风。

黄河三角洲年平均气温为 12.1 ℃~13.1 ℃,地域间差异不甚明显。7 月气温最高,在 26.2 ℃~26.8 ℃之间,极端高温为 41.9 ℃。1 月为最冷月,平均气温为 –3 ℃~ –4.5 ℃,极端低温达 –24 ℃。年均无霜期为 193~197 d,最长 225 d,最短 166 d。≥ 10 ℃年积温为 4 200 ℃~4 400 ℃。年平均日照时数为 2 590~2 830 h;无霜期为 211 天;年均降水量为 530~630 mm,70% 分布在夏季;平均蒸散量为 750~2 400 mm。主要气象灾害有旱灾和涝灾。

从气温、降水等气候条件看,这里的植被应该是森林植被。但由于土壤条件的限制,普遍分布的是盐生草甸和灌丛。

第四节 土壤条件

　　黄河三角洲在成陆过程中，不断受到黄河泛滥改道和尾闾摆动、海岸线变迁、海水侵袭、潜水浸润、大气降水、地面蒸发、植被演替、人为垦殖等多种因素的影响，因而形成了各种不同类型的土壤。主要土类有潮土和盐土两个类型。潮土是直接发育在河流沉积物上，受潜水作用而形成的土壤类型。成土过程主要是潮化过程，主要亚类有黏质滨海潮土、盐化潮土等。盐土是发育在黄河冲积物和海积物上的土壤类型。盐土的成土过程是土壤盐分随土壤毛细管向上移动至表层，可溶性盐类逐渐积聚的过程。盐土的形成，除受气候条件的影响外，还受地形低平、潜水位高、矿化度大等因素的制约，大量盐分被带至地表积聚。盐土可分为壤质和沙质潮盐土等亚类。

　　土壤条件是制约黄河三角洲植被形成和发育的主要因素，导致黄河三角洲的植被以非地带性（隐域）植被为主，它也是该区域植被类型、植被动态、植被特征等的主导生态条件。

第五节 人为活动

人类的生活和生产活动对植被的影响也是相当大的，在某些时候甚至超过了自然条件，因此，人为条件也是重要的生态因子。在黄河三角洲，人为条件主要包括早期农业生产，如开垦、放牧、石油和天然气开发、卤水开采、石油和盐化工、城市建设、旅游等。以开垦为例，农业开垦使原有的白茅等群落类型明显减少；若一旦弃耕，土壤会快速返盐，发生次生退化演替，开始是一年生禾草及多年生蒿类，然后是盐生植被类型成为优势类型。人为活动也使原有的天然旱柳林明显减少。

另一方面，黄河三角洲的外来植物有一百多种，成为入侵种的有十多种，其中入侵最为严重的是互花米草等，表明了人类活动对本地植被的不利影响。

同时，在生态保护修复方面，人工措施也可增加植被类型和覆盖率，并使芦苇为主的湿生和沼泽植被类型明显增加，这也为旅鸟和候鸟提供了更丰富的栖息场所。

第三章
黄河三角洲植被的
区系组成

有关黄河三角洲植物区系的研究有很多资料,山东大学王清、王仁卿(1993)在《黄河三角洲植被研究专辑》中做了较详尽、全面的报道。由于植物区系的相对稳定性,本书在原有工作基础上做了一些补充,更详细的资料参见该专辑。

第一节 植物区系的基本组成

植物区系(flora)是某区域或某植被类型内所有植物的总和。植物种类组成是植被最基本的特征,也是构成植被的主体。研究植被特征及其发生、发展和维持,首先要了解组成植被的植物区系特征,包括数量特征,科、属、种组成特征,属的分布区类型(性质),特有组成以及区系的历史地理性质等。

黄河三角洲由于具有新生、原始、快速增长、脆弱等特点,特别是自然保护区内人为干扰相对较少,基本保持了原始的生态和景观,自然植被类型反映了这一区域以水盐为主导的非地带性植被特点,植物区系也以草本、盐生等温带性质的类型占优势。初步统计黄河三角洲自然和半自然分布的维管植物有380~400种。本书选取了其中较为重要的318种进行分析,它们隶属于185属。按照属的15个分布型划分,温带性属有95个,占总属数(不包括世界分布属)的63.97%,表明黄河三角洲植物区系具有温带性质。在黄河三角洲植物区系中,仅有1种的属和2~3种的属占84.44%,这与该地区的盐土条件和植物区系发育史较短暂有着密切的关系。

一、科、属、种组成分析

根据1990~1993年的调查和资料分析,黄河三角洲常见的维管植物有600余种,除去栽培种外,常见的自然和半自然分布的维管植物有64科,185属,318种及变种

（表 3-1）。其中蕨类和裸子植物很少，被子植物占黄河三角洲植物总数的 95.60%，说明被子植物在黄河三角洲植物区系中起着主导作用。

表 3-1　黄河三角洲维管植物组成统计

类型	科属种组成及占比			
	科	属	种	占黄河三角洲总种数比例 /%
蕨类植物	4	5	12	3.77
裸子植物	1	1	2	0.63
被子植物	59	179	304	95.60
总计	64	185	318	100

由表 3-1 也可看出，黄河三角洲的植物组成中，属与科、种与属的比例很小，分别是 2.9:1 和 1.7:1，科内仅有 1 属和属内仅有 1 种的情况在黄河三角洲植物区系中很普遍。

在黄河三角洲的植物区系中，比较大的科有 4 个。最大的菊科（Asteraceae）有 33 种，其他依次是禾本科（Poaceae）30 种、莎草科（Cyperaceae）20 种和豆科（Fabaceae）18 种。这 4 个科虽仅占黄河三角洲总科数的 6.25%，种数却占 31.76%，是黄河三角洲植物区系中最主要的成分。

需要指出的是，藜科（Chenopodiaceae）植物有 6 属 13 种。尽管种数少于上述 4 个科，但多数是耐盐种类，其中有的是主要的建群种，在黄河三角洲植被中占据特殊地位，起着重要作用。

组成黄河三角洲湿地植被的建群种有35~40种，重要的有盐地碱蓬、獐毛、罗布麻、补血草、白茅、荻、芦苇、香蒲、眼子菜、柽柳、旱柳等。

二、生活型分析

1. 性状统计

在黄河三角洲自然分布的植物区系中（1990~1993年数据），草本有298种，藤本6种，木本14种，分别占总种数的93.71%、1.89%和4.40%（表3-2）。可以看出，草本植物占绝对优势，这与黄河三角洲植被以草本类型为主是一致的。

表3-2　黄河三角洲植物性状统计

项目	木本		藤本	草本	合计
	乔木	灌木			
种数	1	13	6	298	318
占总数比例/%	0.31	4.09	1.89	93.71	100

2. 生活型分析

生活型是植物对于综合环境条件长期适应的一种表现形式，常常由外貌体现出来。对生活型组成的分析，不仅能直接帮助我们了解群落的外貌及结构特征，也可间接反映出环境条件的综合特征。

根据对318种的生活型组成进行统计，可以看出，黄河三角洲植物的生活型组成中，地面芽、地下芽和一年生植物占优势，分别为28.9%、34.6%和28.0%（图3-1）。生活型组成同样揭示了该地区植被的温带草本类型性质。

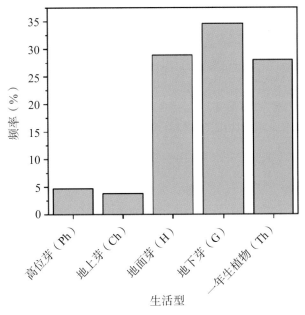

图3-1 黄河三角洲植物生活型谱

三、属的分布区类型分析

根据吴征镒《中国种子植物属的分布区类型》所述方法，将黄河三角洲种子植物属的 15 个分布区类型列于表 3–3。

表 3–3 黄河三角洲种子植物属的分布类型

分布型	黄河三角洲属数	占黄河三角洲总属数的百分比 /%（不包括世界分布属）	黄河三角洲种数	占黄河三角洲种数的百分比 /%（不包括世界分布属）
世界分布	44		112	
泛热带分布	34	25.00	49	25.26
热带亚洲和热带美洲间断分布	2	1.47	2	1.03
旧世界热带分布	5	3.68	6	3.09

表 3-3　黄河三角洲种子植物属的分布类型（续）

分布型	黄河三角洲属数	占黄河三角洲总属数的百分比/%（不包括世界分布属）	黄河三角洲种数	占黄河三角洲种数的百分比/%（不包括世界分布属）
热带亚洲与热带大洋洲分布	2	1.47	2	1.03
热带亚洲和热带非洲分布	2	1.47	2	1.03
热带非洲分布	3	2.21	7	3.61
北温带分布	43	31.61	59	30.41
东亚和北美洲间断分布	7	5.15	11	5.67
旧世界温带分布	21	15.44	27	13.92
温带亚洲分布	2	1.47	6	3.09
地中海，西亚至中亚分布	7	5.15	8	4.12
中亚分布	2	1.47	2	1.03
东亚分布	5	3.68	10	5.15
中国特有	1	0.74	1	0.52
总计	180	100	304	100

各分布型情况描述如下：

1. 世界分布

该类型共有 44 属 112 种。其中碱蓬（*Suaeda*）、补血草（*Limonium*）、黄芪（*Astragalus*）、藜（*Chenopodium*）、滨藜（*Atriplex*）、猪殃殃（*Galium*）、马唐（*Digitaria*）、薹草（*Carex*）、车前（*Plantago*）等是黄河三角洲盐生草甸的建群植物或优势与常

见种类,而眼子菜(*Potamogeton*)、香蒲(*Typha*)、芦苇(*Phragmites*)、莎草(*Cyperus*)、浮萍(*Lemna*)、金鱼藻(*Ceratophyllum*)、灯心草(*Juncus*)等则是该地区的水生及沼泽植被的主要组成成分。

由于世界分布属在确定植物区系关系、地理组分布特点时意义不大,所以在类型统计时扣除不计。

2. 泛热带分布

在黄河三角洲分布的有 34 属 49 种,分别占总属数和总种数的 25% 和 25.26%。常见的有酸枣(*Ziziphus*)、蔓荆(*Vitex*)、马齿苋(*Portulaca*)、蒺藜(*Tribulus*)、地锦(*Euphorbia*)、狗尾草(*Setaria*)、鸭跖草(*Commelina*)、马兜铃(*Aristolochia*)、打碗花(*Calystegia*)、鹅绒藤(*Cynanchum*)等。其中酸枣、蔓荆在近海贝砂岛上分布较多,其他多为群落伴生种类或田间路边杂草,在黄河三角洲植被中的作用较小。

3. 热带亚洲和热带美洲间断分布

该分布类型在黄河三角洲仅有 2 属 2 种,即茑萝(*Quamoclit*)和砂引草(*Messerschmidia*)。砂引草为盐生植物,在该地区盐碱地中虽不常见,但在贝砂岛上分布较多。

4. 旧世界热带分布

有 5 属 6 种。其中藤本 1 属,即乌蔹莓(*Cayratia*);草本 4 属,包括水鳖(*Hydrocharis*)、金茅(*Eulalia*)、裸花水竹叶(*Murdannia*)和天门冬(*Asparagus*)。它们在黄河三角洲植被中的作用都不大。

5. 热带亚洲与热带大洋洲分布

该分布型在黄河三角洲有 2 属 2 种,即柘(*Maclura tricuspidata*)和结缕草(*Zoysia*),前者见于贝砂岛上,后者各地都有分布,数量并不多。

6. 热带亚洲与热带非洲分布

有 2 属 2 种，即野大豆（*Glycine*）和杠柳（*Periploca*）。其中野大豆在黄河新淤地及轻度盐碱土中分布较普遍。

7. 热带亚洲分布

有 3 属 7 种，其中木本 1 种，即构树（*Broussonetia*），分布于贝砂岛上。草本 2 属 6 种，即苦荬菜（*Ixeris*）和独角莲（*Typhonium*）。

以上几个热带分布类型，除个别种类外，其他在黄河三角洲植被中的地位和作用都很小。

8. 北温带分布

有 43 属 61 种。该分布类型在黄河三角洲植物区系中占的比例最大。除蒿属（*Artemisia*）13 种和委陵菜属（*Potentilla*）4 种外，其余多为单种属。较常见的有碱茅（*Puccinellia*）、葎草（*Humulus*）、羊草（*Leymus*）、地肤（*Kochia*）、盐角草（*Salicornia*）、拂子茅（*Calamagrostis*）、稗（*Echinochloa*）、苦苣菜（*Sonchus*）、碱菀（*Tripolium*）、地榆（*Sanguisorba*）、大蓟（*Cirsium*）、播娘蒿（*Descurainia*）、茜草（*Rubia*）、列当（*Orobanche*）、枸杞（*Lycium*）、夏枯草（*Prunella*）、薄荷（*Mentha*）、活血丹（*Glechoma*）、野胡萝卜（*Daucus*）、龙牙草（*Agrimonia*）、米瓦罐（*Silene*）等。

9. 东亚和北美洲间断分布

有 8 属 11 种。其中藤本 1 属，为蛇葡萄（*Ampelopsis*）。其余均为草本，如罗布麻（*Apocynum*）、胡枝子（*Lespedeza*）、珊瑚菜（*Glehnia*）、莲（*Nelumbo*）、菖蒲（*Acorus*）、石荠苎（*Mosla*）、菱菱（*Zizania*）。其中罗布麻是黄河三角洲主要群落——罗布麻群落的建群种。

10. 旧世界温带分布

有21属27种。多为单种属或两种属，如柽柳（*Tamarix*）、鹅观草（*Roegneria*）、滨鸦葱（*Scorzonera*）、旋覆花（*Inula*）、荆芥（*Nepeta*）、益母草（*Leonurus*）、百里香（*Thymus*）、夏至草（*Lagopsis*）、水芹（*Oenanthe*）、牛繁缕（*Malachium*）、石竹（*Dianthus*）等。其中柽柳是黄河三角洲最大的灌木群落——柽柳群落的建群种。

11. 温带亚洲分布

有3属6种，均为草本，即瓦松（*Orostachys*）、米口袋（*Gueldenstaedtia*）和附地菜（*Trigonotis*）。

12. 地中海、西亚至中亚分布

有7属8种。除白刺（*Nitraria*）为木本外，其余均为草本，如獐毛（*Aeluropus*）、牻牛儿苗（*Erodium*）、甘草（*Glycyrrhiza*）、糖芥（*Erysimum*）、涩荠芥（*Malcolmia*）等。其中白刺常作为建群种出现，而獐毛是黄河三角洲分布最广的群落——獐毛群落的建群种。

13. 中亚分布

仅2属2种，均为草本。即花旗杆（*Dontostemon*）和角蒿（*Incarvillea*）。

14. 东亚分布

有5属10种，均为草本，即鸡眼草（*Kummerowia*）、斑种草（*Bothriospermum*）、地黄（*Rehmannia*）、泥胡菜（*Hemistepta*）和半夏（*Pinellia*）。

15. 中国特有

仅1属1种，即地构叶（*Speranskia*）。

把黄河三角洲种子植物的分布按大类划分，列于表3-4。

表3-4　黄河三角洲维管植物属的分布区类型统计

分布区类型	属数	占黄河三角洲总属数的百分比 /%（不含世界分布属）
世界分布	44	
热带分布	48	35.29
温带分布	78	57.35
古地中海和泛地中海分布	9	6.67
中国特有	1	0.74
总计	180	100

　　可以看出，黄河三角洲植物区系包括48个热带属、78个温带属，分别占总属数的35.29%和57.35%，温带性属在该区系中占有最大比例，充分说明了黄河三角洲植物区系的温带性质。而有热带亲缘的科、属由西南或华南向北分布，一些热带、亚热带的科、属在自然保护区内分布，如禾本科的虎尾草属等，某些种类还起着重要的作用，如白茅，说明黄河三角洲植物区系与热带有一定的联系。热带属在整个区系组成中虽也占有较大比例，但其作用远远小于温带成分。而中亚及地中海成分，虽占比不高，但作为建群种的有白刺、甘草、獐毛等，这表明黄河三角洲植物区系与中亚地区的植物有一定联系；欧洲大陆草原成分在黄河三角洲有一定的数量，分布较为广泛，主要种类有柽柳、盐地碱蓬、碱蓬、猪毛菜等。

第二节 黄河三角洲植物区系特点

由于黄河三角洲成陆时间短，地下水位高，土壤含盐量高，加上受风暴潮等自然灾害的影响，黄河三角洲地区的植物区系呈现出以下特点。

1. 种类少，区系成分简单

首先，植物区系成分比较简单，植物种类少。自然、半自然分布的维管植物只有380~400种。其次，从性质上看多为温带成分。北温带区系成分占绝对优势。一些北温带典型大科如禾本科、菊科、豆科、毛茛科、莎草科、伞形科、十字花科、杨柳科等在自然保护区内分布广泛，并且禾本科、菊科、豆科、莎草科等含有的种类较多，仅这4个科所包含的种数就占种子植物的30%以上，而且草本类型占主要地位。自然分布的木本植物仅有柽柳科柽柳属、杨柳科柳属等少数种类。第三，盐生植物多见且为优势种建群种，如盐地碱蓬、獐毛、柽柳等种类。湿生、水生植物常见也是明显的特征，如芦苇、泽泻、香蒲、莎草等，它们形成的植被为鸟类提供了栖息地和食物。

2. 特有种类较少

黄河三角洲形成历史短，地形也不算复杂，其特有的种子植物比较贫乏，中国特有种类有野大豆等少数种类，特有属只有地构叶属。

3. 栽培植物较多

黄河三角洲的栽培植物比较多，有300多种，种类接近自然和半自然分布的种类，这说明黄河三角洲近代的人为活动还是很强烈的。引种栽培的刺槐，在黄河三角洲面积多达 6 000 hm^2，形成了中国华北平原地区面积最大的人工刺槐林。

4. 保护成效明显

由于黄河三角洲自然保护区的建立减少了人为干扰和破坏，较好地保持了原始的生态环境，使得这一区域，特别是保护区内，自然分布的植物占明显优势，与周边区域栽培植物多见的情况形成鲜明的对比。

第三节 黄河三角洲植物区系分析

1. 区系历史

黄河三角洲的植物区系发育史取决于黄河三角洲的发育史。黄河自 1855 年再次从山东境内入海至今，只不过 170 多年的历史。这一地区，特别是现代黄河三角洲地区，植物发育的历史更为短暂，因而不可能形成复杂的植物区系。此外，加之面积小，土壤盐渍化，并与周围地区地理上连成一体，因此也难以产生特有种类。区系组成中的世界分布类型占有较大比例也说明了这一点。

2. 少种属较多的原因

仅有 1 种的属和 2~3 种的属（非区系意义上的单种、寡种）在黄河三角洲植物区系中占有相当高的比例，超过 80%。一般认为，单种和寡种属所占的比例较高可反映出该区系的古老性，但是在黄河三角洲的植物区系中，却不能说明这点。相反，这种现象与黄河三角洲土壤盐渍化和三角洲成陆时间较短有着密切关系。

3. 植物来源途径

分布于黄河三角洲的植物来源主要有以下途径：①水传播，如一些种子随黄河水从上游传播而来，那些适应该区域生态条件的先锋种类，如种子或者繁殖体萌发并定居下来，其中一些建群种类向外扩展并最终形成群落，如芦苇、野大豆、旱柳、柽柳、多种水生植物等；有些可随海洋扩散到黄河三角洲并最终定居下来，如分布于贝砂岛上的砂引草等；②风传播，菊科、禾本科的许多种类，可以风为媒介，从近处传播至黄河三角洲，这也是重要途径；③鸟类等传播，动物如鸟类等也可传播植物繁殖体，它们可把吃食的种子带到该地区，使得那些适生种类分布于黄河三角洲；④人为传播，现在更多的种类是由人类有意或无意传播到该地区的，如各种伴人植物；需要注意的是，有些地方出于海岸防护和淤滩的目的，有意地引进了互花米草，结果造成了入侵性危害，这种例子尽管不多，但仍需引起注意和重视，引入外来种之前应该加强基础研究和小范围控制实验，不能随意推广。

第四节　黄河三角洲植被的主要建群种

黄河三角洲的自然植被主要为灌丛、草甸、水生植被、沼泽植被等植被型。组成黄河三角洲湿地植被的建群植物约 40 种，但大范围分布的只有 10~15 种，且多具盐生、湿生的特点，旱柳（*Salix matsudana*）、柽柳（*Tamarix chinensis*）、白茅（*Imperata cylindrica*）、芦苇（*Phragmites australis*）、荻（*Miscanthus sacchariflorus*）、盐地碱蓬（*Suaeda salsa*）、獐毛（*Aeluropus sinensis*）、香蒲（*Typha minima*）等常见（图 3-2）。

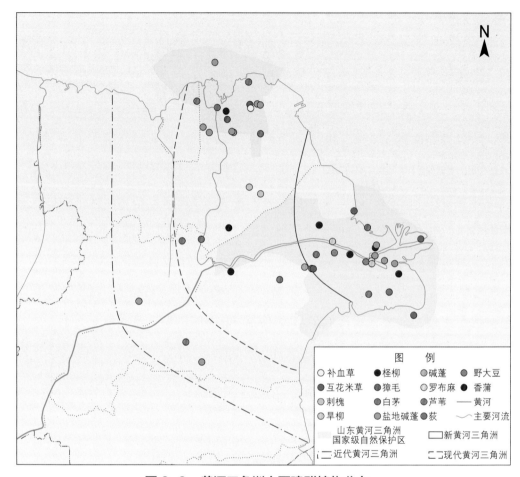

图 3-2 黄河三角洲主要建群植物分布

第四章

黄河三角洲植被的分类和分区

植被分类是植被研究中最基本的内容，也是植被研究中最困难和最复杂的问题之一，至今尚未得到圆满的解决。分歧的原因有许多方面，其中之一是不同学者在进行植被分类时采用了不同的原则和方法。从 20 世纪 50 年代起就有大量有关黄河三角洲的植被研究，但迄今为止，植被分类的研究还不成熟。1993 年，王仁卿等人发表的《黄河三角洲植被分类》填补了黄河三角洲植被分类研究的空白。依据黄河三角洲植被本身的特点和生境特征，将黄河三角洲植被的分类单位定为植被型、群系和群丛三级。自然植被包括 5 个植被型、18 个主要群系和 32 个常见群丛。栽培植被分为草本型、木本型和草本、木本间作型 3 个大类。

黄河三角洲没有真正意义的森林植被，只是零星分布着旱柳林，自然植被主要是草甸、灌丛两大类，以及水生和沼泽植被。为了植被分类的连续性和使用方便，本书仍参照《中国植被（1980）》的分类原则和单位与系统，在 1993 年分类的基础上稍做调整。由于气候变化、人为活动等因素影响，有些植被类型发生了明显变化，同时也增加了一些新的植被类型。

第一节　黄河三角洲植被分类的原则

根据黄河三角洲植被的基本特征与生境特点，在进行黄河三角洲植被分类时，主要采用以下原则：

第一，采用与中国植被和山东植被相同分类的原则。主要是参考《中国植被（1980）》分类所采用的原则，即植物群落的各种基本特征是植被分类的主要依据，包括植物区系组成、建群种和优势种的生活型及群落结构等。

第二，分类单位和系统简明扼要。黄河三角洲植被的类型比较简单，为了方便使用，分类单位和系统也尽可能简单明确。

第三，充分考虑土壤条件。黄河三角洲的植被属于隐域植被，即非地带性植被，因而进行植被分类时除依据植被本身的特征外，还考虑到了生境特征，特别是土壤条件的差异。

第四，群落命名简单化。黄河三角洲植被处于同一个热量带内，所以进行植被分类时不考虑植被的地带性问题，群落命名时也不加地带的名称。

第五，栽培植被不做重点介绍。栽培植被与自然植被的特征不同，且变化很快，也不是黄河三角洲湿地植被的主要类型，因此本书只在分类中提及，不做具体介绍和描述。

第二节　黄河三角洲植被分类的依据、单位和系统

一、分类依据

根据上述原则，黄河三角洲植被分类的依据有以下几点：

1.高级植被分类单位的划分以植物群落的外貌、结构和建群层片的生活型为依据。黄河三角洲植被可划分出森林、灌丛、草甸、水生植被和沼泽植被等高级类型。

2.中级植被分类单位的划分，则以群落主要层的优势种即建群种的特征为依据。黄河三角洲植被类型简单，建群种明显，划分中级单位比较容易掌握。

3.低级植被分类单位的划分，即对基本单位群丛的确定，主要考虑各个层片优势种的组合。

4. 生境特征，特别是土壤条件的差异，是黄河三角洲植被分类的重要依据。

5. 栽培植被的分类以栽培植物的生活型和耕作方式为依据。

二、分类单位及含义

关于植被分类的单位和等级，不同国家、不同学派和学者采用不同的体系。《中国植被（1980）》的分类系统采用的是植被型、群系和群丛3个主要单位加上辅助级别的多等级分类系统。其采用的分类单位是：

（1）植被型组（Vegetation type group），如针叶林、阔叶林、草原、荒漠等；

（2）植被型（Vegetation type），如落叶阔叶林、温性针叶林等，可加辅助级；

（3）植被亚型（Vegetation subtypes），如典型落叶林、典型草甸等；

（4）群系组（Formation group），如盐生灌丛、栎林、松林等；

（5）群系（Formation，缩写Form.），如赤松群系、芦苇群系等，可加亚群系（subformation）；

（6）群丛（Association，缩写Ass.），如芦苇+盐地碱蓬群丛等；草原等类型经常再划分出亚群丛。

在植被类型复杂的情况下，分类等级越多，其可靠性和学术性越强；但等级越多，在植被分类时遇到的问题就越多，也越复杂，使用也不方便。在一个国家或大的地区内采用多级制是必要的，但对于黄河三角洲来讲，由于类型简单，没有必要采用复杂的等级。植被型、群系和群丛3个主要单位基本可以概括黄河三角洲的主要植被类型。

各个主要单位的含义如下：

第一级——植被型（Vegetation type）

植被型是黄河三角洲植被分类的高级单位。属于同一植被型的群落，其外貌相似，建群种的生活型相同，群落结构相近。根据这些特征，黄河三角洲的自然植被可分为落叶阔叶林、灌丛、草甸、水生植被、沼泽植被和砂生植被6个植被型。其名称根据生活型和生境特征而确定。本书补加辅助级植被亚型，如盐生灌丛、典型草甸、盐生草甸等。

第二级——群系（Formation）

群系是植被分类的中级单位，也是本书描述的主要单位。凡建群种相同或相似的植物群落均属于同一个群系，本书不设亚群系。

黄河三角洲的主要群系有 30 个，如旱柳林（Form. *Salix matsudana*）、柽柳群落（Form. *Tamarix chinensis*）、芦苇群落（Form. *Phragmites australis*）、白茅群落（Form. *Imperata cylindrica*）等。

第三级——群丛（Association）

群丛是植被分类的基本单位。凡是层片结构相同、各层片的优势种或共建种相同、生境一致的植物群落联合为一个群丛。如柽柳 - 盐地碱蓬群丛（Ass. *Tamarix chinensis-Suaeda salsa*）、白茅 + 狗尾草群丛（Ass. *Imperata cylindrica+Setaria viridis*）等。

黄河三角洲的主要群丛有 55 个，如旱柳 - 芦苇群丛（Ass. *Salix matsudana-Phragmites australis*）群丛、旱柳 - 荻群丛（Ass. *Salix matsudana-Miscanthus sacchariflorus*）等。

三、黄河三角洲植被的分类系统

根据前述植被分类的原则、依据和单位，将黄河三角洲植被分为落叶阔叶林、灌丛、草甸、沼泽植被、水生植被和砂生植被 6 个主要植被型，旱柳林、柽柳灌丛、盐地碱蓬草甸、芦苇草甸等 30 多个群系和 50 多个主要群丛。栽培植被以栽培植物的生活型和栽培方式分为草本型、木本型和草本、木本间作型三大类，本书不做介绍。

分类系统按植被型 Ⅰ，Ⅱ……植被亚型 Ⅰ-1，Ⅰ-2……群系 1，2……群丛①②……的层次列述如下。

Ⅰ 落叶阔叶林

1.旱柳林

①旱柳 – 荻群丛

②旱柳 – 芦苇群丛

2. 刺槐林[①]

①刺槐群丛

3. 其他类型[①]

Ⅱ　灌丛

Ⅱ –1 盐生灌丛

1. 柽柳灌丛

①柽柳 – 盐地碱蓬群落

②柽柳 – 芦苇群落

③柽柳 – 獐毛群落

2. 白刺灌丛

Ⅲ　草甸

Ⅲ –1 典型草甸

1. 白茅群系

①白茅群丛

②白茅 + 芦苇 + 野大豆群丛

③白茅 + 獐毛群丛

④白茅 + 狗尾草群丛

2. 荻群系

①荻群丛

②荻 + 芦苇群丛

③荻 + 白茅群丛

3. 芦苇群系

---

①：栽培类型，本书不做详细介绍。

①芦苇群丛

②芦苇 + 盐地碱蓬群丛

③芦苇 + 獐毛群丛

④芦苇 + 荻群丛

Ⅲ-2 盐生草甸

1. 盐地碱蓬群系

①盐地碱蓬群丛

②盐地碱蓬 + 芦苇群丛

③盐地碱蓬 + 獐毛群丛

④盐地碱蓬 + 补血草群丛

⑤盐地碱蓬 + 蒿群丛

2. 獐毛群系

①獐毛群丛

②獐毛 + 盐地碱蓬群丛

③獐毛 + 蒿 + 蒙古鸦葱群丛

④獐毛 + 芦苇群落

3. 罗布麻群系

①罗布麻 + 白茅群落

②罗布麻 + 獐毛群落

4. 补血草群系

①补血草 + 蒿草群落

②补血草 + 獐毛 + 蒙古鸦葱群落

5. 其他群系

Ⅳ 沼泽植被

Ⅳ-1 草本沼泽

1. 芦苇群系

2. 菖蒲群系

3. 小香蒲群系

4. 莲群系

5. 互花米草群系

V 水生植被

V –1 沉水植被

1. 苦草 + 黑藻群系

2. 菹草群系

V –2 浮水植被

1. 浮萍群系

2. 紫萍群系

V –3 挺水植被

1. 莲群系

VI 砂生植被

1. 叶蔓荆群系

2. 草麻黄群系

3. 其他群系

VII 栽培植被①

VII –1 草本型

VII –2 木本型

VII –3 草本、木本间作型

---

①：栽培类型，本书不做详细介绍。

第三节　植被分区

由于受土壤盐分及水分条件的限制，黄河三角洲的植被类型比较简单，主要是以盐生草甸和灌丛为主的天然植被。从水平尺度看，在黄河三角洲区域内植被的差异不明显。根据保护区的保护重点、植被类型、土壤条件、受黄河影响程度等因素，以疏港高速为界，可以简单划分为老黄河口小区和新黄河口小区两个小区，前者以一千二保护站和黄河故道为代表，后者以大汶流和新黄河口两个保护站及现行黄河水道为代表。一千二保护站和黄河故道小区，北面是渤海湾，土壤盐分整体较高，目前受黄河影响较小，植被以盐生类型为主，代表性植被类型是柽柳灌丛、盐地碱蓬草甸和芦苇草甸、芦苇沼泽等，还有獐毛、紫花补血草等群落；新黄河口小区，由于受黄河影响明显，湿生植物较多，代表性植被包括旱柳林、柽柳灌丛、芦苇沼泽、受土壤盐分和海潮等影响而形成的盐地碱蓬等类型，这一小区还有分布较广泛的国家二级保护植物和重要的种质资源野大豆（*Glycine soja*）。此外，由于人为引种而在近二十年极速扩散的互花米草（*Spartina alterniflora*）在黄河口和其他河流入海处都有大面积分布，造成了严重的生态危害和生态安全问题，也给当地经济和管理带来了严重影响。

第四节　有关说明

受土壤盐分及水分条件的限制，黄河三角洲的植被类型比较简单，主要是盐生类型。尽管如此，在实际的植被分类中仍然存在许多困难。

首先，对于盐生植被分类位置的确定，国内目前很不一致。在《中国植被（1980）》

分类中，将这一植被类型分别放在两个大类中：将以柽柳、白刺为建群种的灌木群落作为灌丛植被中的盐生灌丛处理；以獐毛、芦苇、盐地碱蓬等为建群种的草本群落则被归到草甸植被中，被称为盐生草甸。而在《中国海岸带植被》中，盐生植被被作为一个大类看待，在该大类下再分出肉质盐生草本植被（如盐地碱蓬群落）、禾草型盐生草本植被（如獐毛群落）、盐生木本植被（如柽柳群落）等类型。就盐生植被类型而言，我们认为后一种划分较为妥当，但这一类型也不能概括如蒿类、一年生禾草类群落等类型，考虑到与中国植被分类系统相一致的原则，本文仍采用《中国植被（1980）》的分类系统。

其次，关于白茅群落的分类位置也有不同看法。在《中国植被（1980）》中，它被归到灌草丛中。也有的学者认为这一群落属于典型草甸。从白茅群落在黄河三角洲分布的生境看，它应属于典型草甸，本书也将白茅草甸划分到典型草甸中。

第三，对于某些一年生草本植被类型的处理，目前也无文献可以借鉴。如以狗尾草、虎尾草、马唐等为建群种的群落是弃荒地中最早出现的类型，从性质上讲，它们不是草甸。但从群落演替中的地位看，它们与盐生草甸有着先后联系，因而暂时归到盐生草甸中。

还有一些类型如茵陈蒿群落、白蒿群落的分类地位目前还难以确定，也采取如上的处理，暂时归到盐生草甸中。同时，考虑到这些类型都不稳定，没有必要单独作为一类处理，也避免了因单位过多、系统复杂而造成的混乱。

此外，在黄河三角洲的滨州部分、无棣县的贝壳堤岛与湿地国家级自然保护区内分布有典型的砂生植被，对这一类型的处理也不同，或者放到草甸中，或者放入草丛中。我们按照山东植被的划分，将其单独列为砂生植被类型。

第五章
落叶阔叶林

本章主要介绍和描述落叶阔叶林植被型。

落叶阔叶林（deciduous broad-leaved forest），简称落叶林，属于阔叶林植被型组下的一个植被型，是由冬季落叶、夏季繁茂葱绿的阔叶树组成的森林植被类型，通常分布在世界温带、暖温带湿润区域的山地丘陵和平原区，是温带的地带性植被类型，又称温带、暖温带落叶阔叶林或夏绿林（summer green forest），在热带、亚热带山地的植被垂直带也有出现。

落叶林的高度一般为 15~20 m 不等，可分出明显的乔木层、灌木层、草本层和地被层。组成群落的乔木全部是冬季落叶的阳性或耐荫的阔叶树种，如壳斗科栎属（*Quercus*）的麻栎（*Q. acutissima*）、栓皮栎（*Q. variabilis*）、蒙古栎（*Q. mongolica*），槭树科槭属（*Acer*）的五角枫（*A. mono*）等，桦木科桦属（*Betula*）的白桦（*B. alba*）等，杨柳科柳属（*Salix*）的旱柳（*S. matsudana*）、杨属（*Populus*）的毛白杨（*P. tomentosa*）等典型种类。林下的灌木也大多是冬季落叶的种类，如豆科的胡枝子属(*Lespedeza*)的种类。林下的草本植物如莎草科的薹属(*Carex*)的种类，冬季地上部分枯死或以种子越冬。

我国的落叶阔叶林主要分布在温带的南部和暖温带各省，分布的纬度较欧洲和北美低 5°~10°，大致在 32°~45°N 之间。由于人类活动的持久和频繁，原始的温带落叶阔叶林基本上已消失殆尽，目前分布的多为次生林。同时，由于生产活动，人工栽培或半自然状态的人工林在落叶阔叶林中占有相当大的比例。

黄河三角洲在中国植被区划上属于暖温带落叶阔叶林区域，但由于土壤盐分高、地下水矿化度高，黄河三角洲缺少真正意义上的森林植被，只有零星分布的或条块状分布的旱柳林、人工栽培的刺槐林等，它们都属于落叶阔叶林，其中旱柳林具有湿生性质。

本章着重介绍自然分布的旱柳林，人工林方面除了对刺槐林略做介绍外，对其他类型只列出和说明。

第一节 旱柳林

旱柳林（Form. *Salix matsudana*）是典型的落叶阔叶林。建群种旱柳是华北、西北平原地区常见的乡土树种，在山东省也很普遍。它的适应性较强，在河滩、村庄、道路旁都有自然生长或栽植，但一般不会形成大面积的森林植被。片段化的旱柳林见于黄河三角洲的黄河故道、新黄河口河滩等地。据文献记载，20 世纪 50 年代孤岛一带还有成片的旱柳林，但目前已不多见，只有零星分布或种植。

一、生态习性及分布

旱柳（*Salix matsudana*）是杨柳科柳属（*Salix*）植物。为高大乔木，阳性树种，喜光，喜湿，也耐寒旱，生态习性多样，在旱地、湿地、平原和低山地、沟谷都可生长（图 5-1）。分布范围极广，南至长江，北界可达北纬 45°，垂直分布可达海拔 1 600 m。各地河滩、村庄、道路旁都有自然生长或栽植。在山东省各地河流尤其是黄河沿岸分布很广泛，局部呈片林状，华北平原库塘边、河边以及撂荒地常见萌生的小片旱柳林。

（a）

（b）

图 5-1 旱柳

在黄河三角洲的黄河故道和新黄河入海口的河两岸分布着面积较大的天然旱柳林
（图5-2），据记载，最多时达到4 000 hm²。黄河沿岸的旱柳林大多是人工栽植而成，
用于护岸，也是黄河流域绿色生态廊道的主要林分。林下土壤多为轻壤土至黏土。

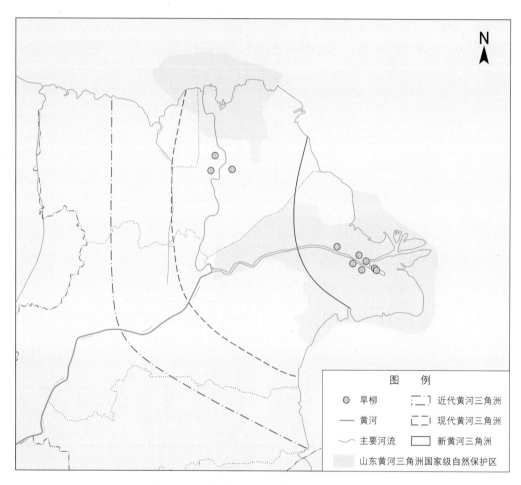

图5-2　近代黄河三角洲旱柳分布图

在新黄河口的大汶流以下河段岸边，如旱柳林景点、远望楼、瞭望塔等处，可以见
到较为集中的成片旱柳林，也是黄河三角洲唯一自然分布的乔木林，有些地段呈灌丛状
（图5-3）。

（a）

（b）

图 5-3　大汶流及黄河口岸边的旱柳林

二、群落种类组成和外貌结构

　　旱柳林的植物物种组成比较简单，通常不超过 10 种，乔木多为旱柳，偶见杞柳（*Salix integra*），几乎没有灌木，在林缘偶见柽柳。草本植物有荻（*Miscanthus sacchariflorus*）、芦苇（*Phragmites australis*）、白茅（*Imperata cylindrica*）、野

大豆（*Glycine soja*）、狗尾草（*Setaria viridis*）等。群落高度通常为 5~8 m，可分
为乔木层和草本层 2 个层次，缺少灌木层。旱柳组成群落的上层，覆盖度 30%~50%
不等，为同龄单层林，说明其形成的时间相对一致，有时可以看到有少量的旱柳萌生
苗，可视作更新层，或者亚层。草本层通常发达，盖度可达 100%（图 5-4）。群落
的外貌在春、夏、秋 3 个季节变化明显：夏季郁郁葱葱；秋季淡黄色林冠上点缀着荻
花、芦花的白色，较为壮观；冬季呈灰褐色。

（a）

（b）

图 5-4　旱柳林的外貌和结构

三、群落类型

旱柳林的结构和种类组成非常简单，群系下可以分为 2~3 个群丛，主要有旱柳－荻群丛（图 5-5）和旱柳－芦苇群丛（图 5-6）。旱柳－荻群丛主要分布在大汶流保护站内的新黄河河道两边，呈片状和带状分布。旱柳－芦苇群丛分布在新黄河入海口河道积水较多的地段，老黄河故道附近也有分布。对群落的特征描述可以通过样地的综合数据说明（表 5-1、表 5-2）。

图 5-5　旱柳－荻群丛

图 5-6　旱柳－芦苇群丛

表 5-1 旱柳 - 荻群丛特征综合分析表

调查地点：东营市河口区黄河故道、大汶流	样方面积：4 m² × 4
调查日期：2010 年 6 月；2019 年 8 月；2020 年 11 月	总盖度：100%

种 类	层次①	株数 / (棵 /hm²)	多度②	盖度 /%	高度 /m 一般	高度 /m 最高	重要值（Ⅳ）③	物候期④ （期 / 月）	说明
旱柳	Q	19		55.0	4.70	6.50	1.0	1/6	
荻	C		Soc	35.0	0.80		0.5	3/9	大汶流 盖度 80%
芦苇	C		Cop¹	14.3	1.40		0.3	3/9	
大戟	C		Sol	7.7	0.50		0.1	3/9	

①层次：Q 为乔木层，G 为灌木层，C 为草本层，T 为藤本层；

②多度：Soc 表示"极多"，Cop³ 表示"很多"，Cop² 表示"较多"，Cop¹ 表示"多"，Sol 表示"少"，Sp 表示"稀少"，Un 表示"单一"；

③重要值计算方法：Ⅳ =（相对高度 + 相对盖度 + 相对密度）/3；

④物候期：包括 1 营养期、2 花期、3 果期等几个主要阶段。

表 5-2 旱柳 - 芦苇丛落特征综合分析表

调查地点：东营市垦利区大汶流		样方面积：5 m² × 2；10 m² × 1	
调查日期：2020 年 8 月；2020 年 11 月		总盖度：100%	

种 类	层次[①]	株数 / (棵 /hm²)	多度[②]	盖度 /%	高度 /m 一般	高度 /m 最高	重要值（IV）[③]	物候期[④]（期 / 月）	说明
旱柳	Q	22		60.0	5.20	7.50	1.0	3/11	平均
芦苇	C		Soc	70.0	1.20	1.80	0.6	3/9	黄河故道
荻	C		Sol	5.0	1.10		0.2	3/11	
白茅	C		Sp	1.0	0.60				
野大豆	C		Sol						草质藤本
狗尾草	C		Sp		0.30				

①层次：Q 为乔木层，G 为灌木层，C 为草本层，T 为藤本层；

②多度：Soc 表示"极多"，Cop³ 表示"很多"，Cop² 表示"较多"，Cop¹ 表示"多"，Sol 表示"少"，Sp 表示"稀少"，Un 表示"单一"；

③重要值计算方法：IV =（相对高度 + 相对盖度 + 相对密度）/3；

④物候期：包括 1 营养期、2 花期、3 果期等几个主要阶段。

四、群落的形成和动态变化

旱柳是杨柳科植物，种子小而轻，带有冠毛，可随风飘荡，即所谓"柳絮飞"，是典型的风播植物，通常由风力传播，也可随黄河水由中上游漂流至下游。此外，旱柳的根、茎也可无性繁殖。黄河三角洲的旱柳林主要是由风和黄河水传播，在河滩萌生而成，而淡水是其生长繁衍的主导因素，在土壤含盐高的地段，很难见到旱柳。旱柳也是淡水和轻盐渍化或中性土壤的指示植物，能够反映土壤水分和盐分的状况。黄河故道、新黄河口的旱柳林反映出其分布地段土壤条件较好，利于中生植物的生长。

土壤一旦返盐，旱柳就难以适应盐生环境，随着盐分增高会很快死亡。相反，如果水分和土壤适宜，旱柳也会扩展分布范围，形成更大的景观。所以，要保证旱柳林的正常繁衍和扩展，充分的黄河淡水保障是必要的。此外，旱柳也会受干旱、强风、病虫害等的影响，存在个体、局部甚至成片死亡的潜在危险，对其加强监测是非常必要的。

五、旱柳林的生态和社会价值

由于土壤盐分的影响，黄河三角洲地区难以形成典型的、大面积分布的暖温带落叶阔叶林植被。旱柳林能自然分布在黄河三角洲地区是极其难得的。从生态上讲，旱柳林是黄河三角洲地区唯一的天然落叶林植被类型，作为一种有地域特色的植被类型和森林景观，具有植被生态意义，通过生态、遗传等研究可以探讨黄河下游的旱柳与中上游的旱柳在地理、生态、遗传上的关系；同时，旱柳林也为一些鸟类如白鹭等提供了休憩、筑巢场所；旱柳林还是黄河水沙资源的指示者，反映了其分布区的土壤和水分条件，在研究黄河三角洲湿地生态系统和植被发生与演变方面具有重要的学术价值；旱柳林具有固碳作用，如果面积足够大，其固碳能力也不可忽视……因此，其生态价值是十分明显且重要的。在社会和文化方面，旱柳林也具有重要的景观价值。作为一种自然景观，旱柳林无疑是游人向往的去处之一，黄河三角洲国家级保护区实验区的黄河故道天然柳林景点就是很好的说明。同时，其在科普方面也具有不可替代的价值。

因此，无论是从生态、社会、文化还是科学研究等方面看，保护好旱柳林具有多方面的重要意义。从自然保护区和未来国家公园建设的角度讲，保护好旱柳林，也是落实习近平总书记"提高黄河三角洲生物多样性"的重要方面和实际行动。在实验区对旱柳林适度开展调查、长期观测、分析等基础研究和保护利用研究也是非常必要的。

第二节　刺槐林

刺槐林（Form. *Robinia pseudoacacia*）是人工造林而成的，是山东省内面积最大的落叶阔叶林，在黄河三角洲同样是分布面积最大的落叶林，全部为人工林，偶有割刈后萌生的灌丛状植株。由于受到土壤盐分和黄河来水的影响，刺槐林主要栽培在黄河故道两侧海拔较高、盐分在 0.3%~0.6% 的土壤上。群落通常为乔木和草本的两层结构，缺少灌木层，种类非常单调，稳定性差。

一、生态习性及分布

刺槐（*Robinia pseudoacacia*），俗称"洋槐"，原产自北美东部，19 世纪末首先被从德国引入青岛，栽植于琴岛，所以早期也被称为"琴槐"。后来从青岛沿着胶济铁路线迅速扩散至全省乃至大半个中国。由于刺槐适应性强、生长快、繁殖能力强、用途广，因而在人工造林中大量选用，成为山东省栽培面积最大的阔叶树种，在河流两岸或肥沃的冲积平原上生长得特别茂盛（图 5-7）。刺槐是喜光树种，对土壤要求不高，对酸碱度也不敏感，在含盐量 0.3% 以下的土壤中都能正常生长发育，具有一定的抗旱能力，是世界上重要的速生阔叶树种之一。刺槐侧根根系发达，多横向扩展，吸附于地面表层，黄河三角洲松软的土壤结构特别适合刺槐生长。但由于地下水矿化度高，盐分随着土壤毛细管上升，很容易返盐，从而使得刺槐根系受害，有些已经出现干枯的现象。

（a）

（b）

图 5-7　刺槐和刺槐林

在黄河三角洲地区，刺槐林大面积分布在黄河故道和孤岛一带（图5-8）。这些刺槐林自20世纪60年代起被种植于此，林龄超过50年。

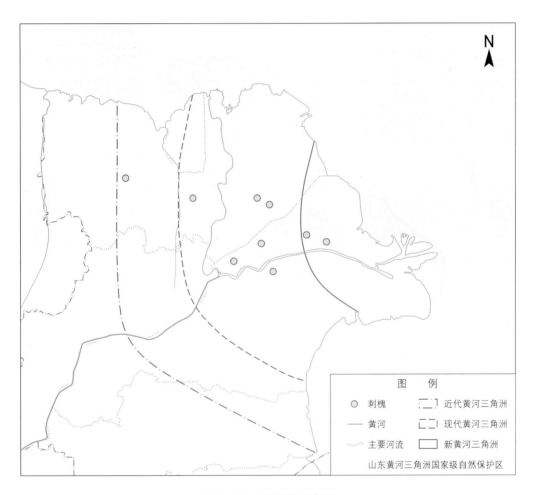

图5-8　刺槐林分布图

黄河三角洲的孤岛一带有大片的刺槐林，约6 700 hm²，被称为"万亩刺槐林"（图5-9），成为当地独具特色的旅游景点。同时，作为蜜源植物，刺槐林吸引了全国各地的蜂农来黄河三角洲放蜂。

（a）

（b）

图 5-9　黄河三角洲孤岛的万亩刺槐林

二、群落种类组成

黄河三角洲地区分布的刺槐都是人工林，且刺槐林下的枯落物和根际土壤中含有一定的化感物质，抑制了其他物种的生长，也抑制了刺槐种子的萌发和幼苗的生长，因此刺槐林的物种组成很简单。乔木层通常只有刺槐一种，为单种单层林，偶见栽培的当地乡土树种臭椿、白蜡、国槐等零星分布于林缘地带。

通常缺少灌木层。偶见丛生刺槐、桑、构树等在林缘生长。

草本植物有 10~12 种，其组成常因土壤条件不同而异。在土壤盐度较高的地方，刺槐林下通常有碱蓬、鹅绒藤等；在海拔稍高、土壤盐分较低的地方，隐子草、马唐等占优势，甚至达到 100% 的覆盖度，茜草、鹅绒藤、早开堇菜、长萼堇菜、莎草、狗尾草、多苞斑种草等也常见，野艾、蒲公英、龙葵、碱蓬、芦苇、薹草、蒙古鸦葱等偶见；在林缘土壤盐分低、有机质含量高的地方，可以见到白茅、荻等成丛生长。

三、群落外貌和结构

由于是人工林，树龄相对一致，因此刺槐林的外貌整齐，林冠平坦，高度在 7~16 m 之间，一般在 10 m 左右。垂直结构明显，通常分为 2 个层次。乔木层一般是单层，刺槐为单优种。林下灌木稀疏，通常缺失灌木层。草本层一般为单层，高度随季节不同有较明显的差别，春季多在 0.5 m 以下，有芦苇、荻、白茅的地段可以有 1.0~1.5 m 的高草层。有微地貌的变化，刺槐林也呈团块状分布。在林窗或者刺槐稀少的地方，草本植物生长很茂密。

刺槐林的外貌和季相也很有特色，且比较典型（图 5-10）。4~5 月，林下光照充足，各种堇菜争相开放，形成了春季季相；5 月中旬至 6 月初，由于槐花盛开，远处看上去是茫茫的白色花絮，蔚为壮观，吸引游人观花赏景，各地蜂农也齐聚而来；夏季郁郁葱葱，一片绿色景观，也是游人休闲、小憩的去处；初秋时节，树叶淡黄，也很壮观；晚秋、冬季和早春，叶落枝枯，显示出冬季季相。

（a）

（b）

（c）

（d）

图 5-10 黄河三角洲刺槐林外貌、结构和季相

四、群落类型及特征

由于种类组成和结构都很简单，黄河三角洲地区的刺槐林群系可以划分为 2~3 个群丛，主要有刺槐 – 隐子草群丛、刺槐 – 白茅群丛等，划分依据主要是林下草本种类组成的差异，反映的是微地形、土壤盐分、水分的变化。

以东营孤岛林场的刺槐 – 隐子草群丛样地作为代表描述如下（表 5–3、表 5–4）：

该样地位于黄河三角洲东部孤岛镇至仙河镇之间的道路两侧，地理坐标为北纬 37°54′13″，东经 118°48′23″。此地土壤较深厚肥沃，适合刺槐生长。

该样地层次简单，可分出明显的乔木层和草本层，缺少灌木层。刺槐是建群种，草本层优势种为隐子草，堇菜科、菊科、茄科等的种类也有分布。

根据样地内各立木胸径断面积和树高，初步估算其木材蓄积量约为 78 m^3/hm^2。草本层盖度在 40%~100% 之间，平均盖度为 80%。6 月份 Shannon-Wiener 生物多样性指数平均为 0.648，Simpson 多样性指数平均为 0.352。

与 6 月份群落特征相比较，9 月份刺槐样地乔木层基本没有变化，草本层的组成略有不同；但由于林下光照弱，多数草本植物物候上处于营养期；在 11 月份调查时，多数草本植物已经枯萎，但几种堇菜属植物正处于营养期或者花前期。草本层盖度在 80%~100% 之间，平均盖度大于 90%。9 月份 Shannon-Wiener 生物多样性指数平均为 0.326，Simpson 多样性指数平均为 0.120；草本层地上生物量平均为 724.02 g/m^2。

表 5-3 刺槐－隐子草丛落（6月）特征综合分析

调查地点：东营市孤岛镇东	样方面积：10 m × 10 m
调查日期：2010 年 6 月	总盖度：100%

种 类	层次[①]	株数 / (株/hm²)	多度[②]	盖度 /%	高度 /m 一般	高度 /m 最高	重要值（Ⅳ）[③]	物候期[④] （期/月）	说明
刺槐	Q	14		90.0	8.50	14.00	1.000	2/6	2020 年和 2021 年 2 次调查
隐子草	C		Soc	90.0	0.30	0.40	0.577	1/6	
臭草	C		Cop¹	16.0	0.40		0.256	1/6	
野艾蒿	C		Sp	0.7	0.60		0.023	1/6	
多苞斑种草	C		Sol	1.2	0.20		0.066	1/6	
茜草	C		Sol	0.7	0.10		0.035	1/6	草质藤本
葎草	C		Sol	0.7	0.17		0.009	1/6	
早开堇菜	C		Sol	0.5	0.05		0.019	3/6	
蒲公英	C		Un	0.2	0.30		0.010	1/6	
龙葵	C		Un	0.2	0.03		0.005	1/6	

注：2020 年 5 月和 2021 年 11 月重复调查发现，有芦苇、白茅、荻、几种堇菜等出现；靠边缘的刺槐林下有较多的白茅和芦苇出现。

[①]层次：Q 为乔木层，G 为灌木层，C 为草本层，T 为藤本层；

[②]多度：Soc 表示"极多"，Cop³ 表示"很多"，Cop² 表示"较多"，Cop¹ 表示"多"，Sol 表示"少"，Sp 表示"稀少"，Un 表示"单一"；

[③]重要值计算方法：Ⅳ =（相对高度 + 相对盖度 + 相对密度）/3；

[④]物候期：包括 1 营养期、2 花期、3 果期等几个主要阶段。

表5-4 刺槐－隐子草丛落（9月）特征综合分析

调查地点：东营市孤岛镇东	样方面积：10 m×10 m
调查日期：2010年9月	总盖度：90%

种 类	层次①	株数 / （棵/hm²）	多度②	盖度/%	高度/m 一般	高度/m 最高	重要值（Ⅳ）③	物候期④ （期/月）	说明
刺槐	Q	14		90.0	8.55	14.10	1.00	3/9	样地与6月份位置略有不同
朝阳隐子草	C		Soc	100	0.30	0.42	0.69	3/9	
茜草	C		Un	2.5	0.10		0.04		
长萼堇菜	C		Sp	1.0	0.07	0.10	0.03	2/9	
臭草	C		Sp	2.2	0.20	0.30	0.07		
青绿薹草	C		Sp	0.7	0.05	0.07	0.02		
鹅绒藤	C		Un	0.1	0.06		0.02		
芦苇	C		Sol	2.2	0.50	0.70	0.07	1/9	
蒙古鸦葱	C		Un	0.3	0.05		0.01		
碱蓬	C		Un	0.2	0.20		0.04	1/9	

注：2020年5月和2021年11月重复调查发现，有芦苇、白茅、荻、几种堇菜等出现；靠边缘的刺槐林下有较多的白茅和芦苇出现。
①层次：Q为乔木层，G为灌木层，C为草本层，T为藤本层；
②多度：Soc表示"极多"，Cop³表示"很多"，Cop²表示"较多"，Cop¹表示"多"，Sol表示"少"，Sp表示"稀少"，Un表示"单一"；
③重要值计算方法：Ⅳ=（相对高度+相对盖度+相对密度）/3；
④物候期：包括1营养期、2花期、3果期等几个主要阶段。

五、刺槐林的生态和社会价值

刺槐侧根根系发达，能固沙和保持水土，适应能力极强，所以在我国华北地区栽培很普遍。另外，刺槐侧根具有大量的固氮根瘤，有利于增加土壤中的养分；其枝叶茂密，树冠可以截留降雨，减少地表径流，在防止水土流失方面的作用很强。目前，林下草本层很发达，也能起到改良土壤的效果。刺槐还具有一定的吸附烟尘和吸收有毒气体的能力，是绿化和净化空气的好树种。刺槐的树形优美，5~6月份开花时节，花多而芳香，是优良的蜜源植物，也是当地人休憩赏花的好去处（图5-11）。

刺槐生长迅速，也是固碳能力较强的植物。大面积栽培，在固碳方面有重要作用，在促进区域实现双碳目标方面很有前景。但目前的问题是土壤盐分的上升对刺槐生长的不利影响，开展相关及基础研究，探讨其与土壤的关系，对于未来利用和发展刺槐林很有必要。

（a）

（b）

图 5-11　黄河三角洲刺槐林生态旅游

第三节 其他落叶林

除了刺槐林，黄河三角洲地区还有几种人工林，如毛白杨林、白蜡林、欧美杨林等。

一、毛白杨林

黄河三角洲没有天然的毛白杨林（Form. *Populus tomentosa*），全部都是人工种植的，现有的片林呈小块状分布。除重盐碱地外，各处都有分布。

二、白蜡林

白蜡林（Form. *Fraxinus chinensis*）为人工林，白蜡为暖温带喜光树种，根系深广，对立地条件要求不高，耐寒，耐旱，抗涝，较耐盐碱，抗病虫害强，在东营、滨州等地栽培较广泛。在含盐量0.3%~0.5%、地下水矿化度为60 g/L的土壤中生长仍然正常，很少发现有病虫害。

第六章

灌丛

本章主要介绍和描述灌丛植被型下的盐生灌丛植被亚型。

灌丛（scrub）是以灌木为建群种或优势种的植被类型，在中国植被分类中将其划分为一个灌丛植被型组和一个灌丛植被型，其下再分为不同的植被亚型和群系组。本书直接将灌丛定义为植被型，下面划分为盐生灌丛植被亚型。

灌丛的群落高度一般在 5 m 以下，盖度大于 30%。它和森林植被的区别不仅在于高度，更主要的是灌丛的建群种多为丛生或簇生的灌木，生活型属中、小高位芽植物，多是中生性的。灌丛既有原生性的类型，如高山和亚高山灌丛，也包括在人为因素或其他因素如火灾等影响下，森林植被被破坏后较长期存在的相对稳定的次生植被，这是比较普遍的现象。在热带、温带地区的一些灌丛类型经过长期的封育和保护，可以演替为森林植被。根据建群种生活型的不同，灌丛又可分为常绿灌丛、落叶阔叶灌丛等类型。在温带和暖温带地区，除个别生境特殊的小环境下有常绿灌丛外，其他多为落叶阔叶灌丛（deciduous broad-leaved scrub），简称为落叶灌丛。

温带落叶灌丛是以冬季落叶的灌木为建群种的植被类型，广泛分布在温带、暖温带的山地、丘陵和平原地区，从东北山地到华北平原、山地，从沿海到内陆的温带、暖温带。在亚热带山地也有出现。该类型中有的属于原生性的，也有次生性的，由于灌木较乔木适应性强，因而在许多干燥、寒冷、盐渍、沙化等难以发育为森林的生境条件下，可以形成原生性灌丛，如盐生灌丛。

组成温性落叶灌丛的植物种类主要是在温带广泛分布的豆科、蔷薇科、木樨科、桦木科、漆树科、柽柳科、杨柳科等的落叶种类以及禾本科、莎草科、菊科的草本植物。建群植物主要是柳属（*Salix*）、胡枝子属（*Lespedeza*）、绣线菊属（*Spiraea*）、黄栌属（*Cotinus*）、荆条属（*Vitex*）、锦鸡儿属（*Caragana*）、柽柳属（*Tamarix*）等，它们大多是中生、旱中生或盐生的种类，分别组成了山地中生落叶阔叶灌丛、平原盐生灌丛等。

温性落叶灌丛的群落结构较为简单，一般可划分出灌木和草本两个层次，高度多在 1~2 m，少数可高达 3 m，盖度一般大于 30%。

原生性的灌丛一般相对稳定，而次生灌丛只要经过适当的保护和管理，可以恢复为森林群落。落叶灌丛在防止水土流失、固沙护坡、改造盐碱土等方面有重要的生态意义；有些灌丛具有较大的经济价值，蕴藏着各种生物资源。同时，作为植被演替中的一个重要阶段和类型，灌丛在科研和学术方面也有重要意义。

由于土壤等条件的限制，黄河三角洲地区同样缺少类型多样和结构复杂的灌丛植被。但是作为具有区域特色的柽柳在黄河三角洲地区却有很广泛的分布，或者形成了大片落叶盐生灌丛，或者零星或小片分布于盐地碱蓬群落中。目前，一些耐盐和生长较快的柽柳品种经过人工选育，作为绿化树种和行道树被广泛使用。除了柽柳灌丛，还有零星分布的白刺灌丛等。

本章着重介绍自然分布的盐生灌丛植被亚型下的柽柳灌丛群系，对其他类型只做简单说明。

第一节 柽柳灌丛

柽柳灌丛（Form. *Tamarix chinensis*）是黄河三角洲唯一大面积分布的落叶灌丛，柽柳为单优势种，主要分布在滩涂和近海处的中度到重度盐碱土上。

一、生态习性及分布

柽柳（*Tamarix chinensis*）（图 6-1）又名荫柳、红荆柳、三春柳、观音柳等，为落叶灌木或小乔木，枝条密生而下垂，树皮呈红褐色，分布于中国东部沿海各省到甘肃、内蒙古、新疆一带。

（a）

（b）

图6-1　柽柳

柽柳生于盐碱土的草地、滩涂、海滨砂地、沙漠等，具泌盐组织，具抗盐、抗旱、耐淹的特性，为典型的泌盐植物，是黄河三角洲自然分布最多的耐盐碱灌木。在垦利、利津、河口区等地有大片天然柽柳林，20 世纪 90 年代以前覆盖度超过 40% 的面积曾经达到 2.67 万 hm²，不仅是黄河三角洲最大的天然灌丛，也是山东省面积最大的落叶灌丛。天然柽柳灌丛在区内盐碱地上多呈块状或带状分布，疏密不均，林相不整齐。

其他多为人工栽植或天然下种的柽柳，呈零星分布。目前最广泛的两片柽柳林分别见于北部的一千二保护站和新黄河口附近区域（图 6-2 ）。

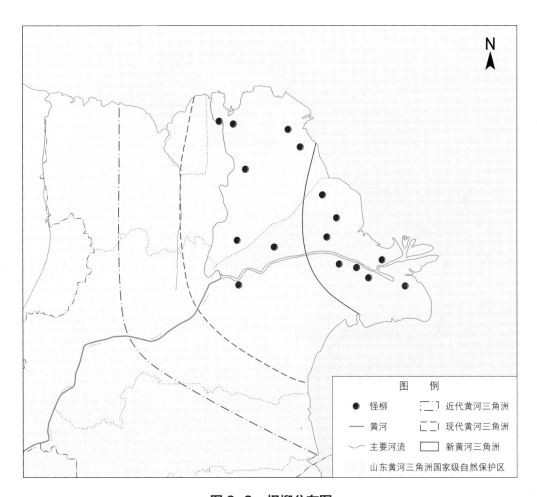

图 6-2 柽柳分布图

二、群落种类组成和外貌结构

柽柳灌丛是典型的温带落叶盐生灌丛，群落高度为 0.8~2.5 m，个别超过 3 m。植物物种组成比较简单，通常不超过 10 种。柽柳是建群种和优势种，形成单优群落。灌丛下的草本植物有盐地碱蓬（*Suaeda salsa*）、芦苇（*Phragmites australis*）等。群落可分为 2~3 层，灌木层和 1~2 个草本层，柽柳组成群落的上层。群落的总覆盖度为 30%~100% 不等，取决于微地形和盐分条件。地势平坦、土壤盐分相对低的地段，芦苇等种类进入，覆盖度增大；而在近海的区域，柽柳多呈星散分布，盖度也不到 50%。草本层盖度为 20%~40%，可分为 1~2 个亚层，芦苇在第一亚层，盐地碱蓬在第二亚层。

柽柳群落的花期较长，从春天到初秋，紫红色的花絮引人注目。秋季叶子变为棕黄，整个外貌呈现秋季的景色（图 6-3）。

（a）

（b）　　　　　　　　　　　　（c）

（d）
图6-3　柽柳的结构和夏秋季外貌

三、群落类型及特征

由于种类组成和结构都很简单,黄河三角洲地区的柽柳群系可以划分为4~5个主要群丛,即柽柳群丛、柽柳－芦苇群丛、柽柳－盐地碱蓬群丛、柽柳－獐毛群丛等(图6-4),划分的依据主要是林下草本种类组成的差异,反映的是微地形和土壤盐分、水分的变化。有些平坦地段,柽柳甚至形成了纯的群落,灌丛下没有其他草本种类。

(a)

(b)

（c）

（d）

图6-4　柽柳群落类型

柽柳－芦苇群丛一般分布在土壤盐分稍低、土壤湿度较大的地段，在新旧黄河口地区都很普遍。柽柳和芦苇是群落的优势种类，伴生的种类有12~15种（表6-1）。

表 6-1 柽柳 – 芦苇群丛综合分析表

调查地点：东营市垦利区		样方面积：100 m²×3	
调查日期：2011 年 9 月		总盖度：80%	

层次	种名	频度 /%	多度（德）[①]	盖度 /%	高度 /cm 一般	高度 /cm 最高	物候期
灌木层	柽柳	100	Cop^3	25~60	100	132	花果期
草本层	芦苇	82	Cop^3	3~50	56	140	开花期
	盐地碱蓬	67	Cop^2	10~65	40	45	花果期
	猪毛蒿	33	Cop^1	15~35	59	76	花果期
	狗尾草	33	Sol	2~5	40	45	结实期
	白茅	25	Sol	3~30	46	60	营养期
	假苇拂子茅	17	Sol	5~40	115	130	花果期
	碱菀	17	Sp	1	36	60	花果期
	长裂苦苣菜	8	Sp	1	15	15	花果期

注：样外物种还有中亚滨藜（*Atriplex centralasiatica*）、草木樨（*Melilotus officinalis*）。

[①]多度：Soc 表示"极多"，Cop^3 表示"很多"，Cop^2 表示"较多"，Cop^1 表示"多"，Sol 表示"少"，Sp 表示"稀少"，Un 表示"单一"。

表 6-1　柽柳 – 芦苇群丛综合分析表（续）

层次	种名	频度 /%	多度（德）①	盖度 /%	高度 /cm 一般	高度 /cm 最高	物候期
草本层	荻	8	Sp	1	70	70	花果期
	鹅绒藤	8	Sp	1	13	13	果期
	野大豆	8	Sp	1	15	15	果期
	碱蓬	8	Un	1	26	26	花果期
	牡蒿	8	Sp	1	45	45	花果期

注：样外物种还有中亚滨藜（*Atriplex centralasiatica*）、草木樨（*Melilotus officinalis*）。

① 多度：Soc 表示"极多"，Cop³ 表示"很多"，Cop² 表示"较多"，Cop¹ 表示"多"，Sol 表示"少"，Sp 表示"稀少"，Un 表示"单一"。

　　柽柳 – 盐地碱蓬群丛一般分布在土壤盐分高、湿度大的地段，在黄河三角洲很普遍。柽柳和碱蓬是群落的优势种类（表 6-2a、表 6-2b）。表 6-2a 的种类稍多，而表 6-2b 的种类则非常简单，植物高度变化不明显，多见于盐分高的平坦地段。

表 6-2a　柽柳 – 盐地碱蓬群丛综合分析表

调查地点：东营市河口区	样方面积：4 m²×16
调查日期：1990 年 8 月	总盖度：80%

层次	种名	频度 /%	多度（德）[①]	盖度 /%	高度 /cm		物候期
					一般	最高	
灌木层	柽柳	100	Cop^3	25~30	130	>200	花期
	白刺	10	Un	<1	10	16	果期
草本层	盐地碱蓬	100	Cop^3	20~30	16	34	营养期
	獐毛	50	Cop^1	5~10	25	48	花期
	芦苇	82	Cop^2	5~10	47	94	营养期
	碱蓬	31	Sp	<1	14	25	营养期

①多度：Soc 表示"极多"，Cop^3 表示"很多"，Cop^2 表示"较多"，Cop^1 表示"多"，Sol 表示"少"，Sp 表示"稀少"，Un 表示"单一"。

表6-2b　柽柳 - 盐地碱蓬灌丛群丛特征表（样地 4 m^2）

层次	种类	株数 / 多度[①]	盖度 /%	高度 /cm			重要值[②]（IV）
				一般	最高	最低	
灌木层	柽柳	5	14.7	66.7	83.3	53.3	1.00
草本层	芦苇	Sp	1.0	16.7	19.0	15.0	0.29
	盐地碱蓬	Cop^1	41.3	46.0	50.0	40.0	0.72

①多度：Soc 表示"极多"，Cop^3 表示"很多"，Cop^2 表示"较多"，Cop^1 表示"多"，Sol 表示"少"，Sp 表示"稀少"，Un 表示"单一"；

②重要值计算方法：IV =（相对高度 + 相对盖度 + 相对密度）/3。

柽柳 – 獐毛群丛见于一千二保护站区域内，分布地段地形变化大，土壤盐分高。柽柳和獐毛是群落的优势种类，也有芦苇、补血草、盐地碱蓬等 5~7 种出现（表 6–3）。

表 6-3　柽柳 – 獐毛群丛综合分析表

调查地点：东营市河口区	样方面积：4 m² ×6
调查日期：1990 年 8 月	总盖度：90%

层次	种名	频度 /%	多度（德）[①]	盖度 /%	高度 /cm 一般	高度 /cm 最高	物候期	说明
灌木层	柽柳	100	Cop^3	30~40	150	>200	花期	
草本层	獐毛	90	Cop^3	15~25	15~20	25	花果期	片状分布
	芦苇	60	Cop^2	10	30~50	100	营养期	
	盐地碱蓬	30	Cop^1	20	10~20	40	营养期	
	补血草	20	Sol	5	30~40	50	花　期	

[①]多度：Soc 表示"极多"，Cop^3 表示"很多"，Cop^2 表示"较多"，Cop^1 表示"多"，Sol 表示"少"，Sp 表示"稀少"，Un 表示"单一"。

除了以上 3 个群丛的典型样地调查，在 2010~2020 年间，还有多次调查，有关数据整理如下（表 6–4）。6 月份的调查种类比较多，但是草本高度普遍不高，说明黄河三角洲地区气温回升较内陆晚。

表 6-4　2010 年 6 月柽柳 – 盐地碱蓬灌丛群落调查综合表

调查地点：黄河三角洲				样方面积：5 m×5 m	
调查日期：2010 年 6 月				总盖度：60%	

种类	多度[①]	盖度 /%	高度 /cm		重要值（Ⅳ）[②]
			一般	最高	
柽柳	Cop^3	20	60.10	130.0	0.60
芦苇	Cop^1	10	35.00	100.0	0.15
盐地碱蓬	Soc	30	10.0		0.50
茵陈蒿	Sp	<1	2.0~3.0		<0.01
拂子茅	Sp	<1	10.5		<0.01
白茅	Sp	<5	10.0		<0.01
中华小苦荬	Sp	<1	3.0		<0.01
碱菀	Sp	<1	3.0		<0.01
野大豆	Sp	<1	5.0		<0.01
藜	Sp	<1	2.0		<0.01
碱蓬	Sol	<1	2.0		<0.01

[①]多度：Soc 表示"极多"，Cop^3 表示"很多"，Cop^2 表示"较多"，Cop^1 表示"多"，Sol 表示"少"，Sp 表示"稀少"，Un 表示"单一"；

[②]重要值计算方法：Ⅳ =（相对高度 + 相对盖度 + 相对密度）/3。

四、群落生态和社会经济价值

柽柳灌丛作为黄河三角洲唯一大面积自然分布的灌丛，也是山东省面积最大的天然原生性灌丛，从植被生态学和植物地理学方面来讲都有重要的学术价值，需要加以保护，并对其形成、维持机理等方面进行长期研究。按照目前的土壤条件，柽柳灌丛是这一地区的亚顶极群落，反映着盐渍化程度高的土壤条件和微地形变化，也是植被演替和生态系列难得的研究对象。

柽柳的抗盐碱能力强，一般插穗在含盐量0.7%的盐碱地中能够正常发芽生长，带根的苗木能在含盐量0.8%的盐碱地上生长，成年植株能耐1.2%的重盐土。柽柳是泌盐植物，其根能使盐分透过，再从枝叶中分泌出来，因而是一种典型的泌盐、耐盐灌木，所以能够在黄河三角洲地区广泛分布，其生态意义也是很明显的。柽柳在营造盐碱地灌木林、道路绿化等方面的应用也很广泛。

柽柳的枝条坚韧，有弹性，能用来编筐篓，以往一般作为编条林或薪炭林经营。在保护区内则是作为一种植被类型而加以保护。同时，由于柽柳的花序粉红、花期长、树形较为优美（图6-5），秋季橙黄色的叶子也非常好看，因而常被作为绿化树种在黄河三角洲地区广泛使用。所以，柽柳的社会和文化价值也很高。

柽柳具有很高的热值，作为薪炭材具有很好的发展前景，可以在保护区外加以开发利用。柽柳花期长，既有很好的观赏价值，也是良好的蜜源植物。

由于海潮的影响，2016~2021年，一千二林场北边的防潮大坝被毁，许多地段的柽柳灌丛因海水漫灌而大片死亡，这也说明柽柳虽为泌盐植物，其耐盐能力也是有限的，应注意保护、监测和管理。

（a）　　　　　　　　　　　　　（b）

图6-5　柽柳树形

第二节　其他灌丛

除了柽柳灌丛，黄河三角洲区域的自然灌丛很少。20世纪70~90年代，在垦利北部还可以见到小面积的白刺灌丛，在滨州无棣的贝壳堤沙滩上还有单叶蔓荆群落，这些类型现在都不多见了。

第七章
草甸

本章主要介绍和描述草甸植被型。

草甸（meadow）是由多年生中生（及旱中生、湿中生）草本植物为建群种和优势种的非地带性或隐域植被类型，在水分适中（包括降水、地下水、雪融水等不同来源水）的条件下形成、发育和分布。草原（steppe）则是分布在温带地区干旱半干旱区的地带性植被。草甸在我国青藏高原东部、温带山地上部、平原及海滨都有分布。植被的类型非常多样，在《中国植被（1980）》中，草甸被分为一个草甸植被型组和一个草甸植被型，进一步又被划分为典型草甸、高寒草甸、沼泽草甸和盐生草甸4个植被亚型。本书将草甸定义为植被型，分为典型草甸和盐生草甸2个植被亚型。

组成草甸的植物种类非常丰富，建群种类就有70多种，禾本科、蔷薇科、莎草科、菊科、豆科、蓼科、藜科等的种类多，建群种和优势种也多，并且起着重要作用。草甸植被的结构比较复杂，外貌也变化多样，其中，东北平原的"五花草甸"最为典型，在鲜花盛开和果实累累的夏秋时节最为壮观。

草甸植被是重要的自然资源，具有丰富的生物多样性。分布广泛、类型众多的草甸植被是我国重要的天然牧场和割草场；丰富多样的自然资源使其在经济建设中发挥着重要作用；从生态意义上讲更是重要，包括生物多样性保护、生态服务和生态产品提供、生态安全保障等多个方面。因而，对草甸植被的研究、保护和恢复都具有重要的生态、学术和经济意义。

山东省的草甸植被分属于典型草甸和盐生草甸，面积最大的是盐生草甸，主要分布于鲁北滨海盐土区的渤海湾沿岸，渤海湾向内陆延伸5~10 km的地带，多是在黄河三角洲区域内泥质海滩和潮土上，常受海潮的侵袭。由于地下水位高，矿化度大，而且土壤含盐量达0.4%~1.0%，土壤的盐渍化限制了更多植物的分布和生长，使得耐盐碱的植物分布和发展成为盐生草甸。

典型草甸由典型的中生植物组成，分布在温带、暖温带森林区域和草原区域，是适应中温、中湿土壤环境的草甸植被。黄河三角洲的典型草甸有白茅草甸、荻草甸等类型。盐生草甸由耐盐的湿中生类植物组成，分布在温带内陆和沿海平原地区，在黄河三角洲有大面积分布，典型的盐生草甸是盐地碱蓬群落、獐毛群落等。盐生草甸具有以下群落学特点：①植物种类贫乏，藜科、禾本科植物多见，常为单优群落，如盐地碱蓬群落；②建群种类通常为盐生植物或泌盐植物，具有旱生植物的特征；③群落的分布及生长状况同土壤的水盐动态密切相关，群落中常有一些零星的灌木种类如柽柳、白刺等出现；④群落的结构简单，高度30~60 cm 不等，层片结构较发育，使得外貌和季相变化明显；⑤盐生草甸的生产力不高。

本章着重介绍黄河三角洲的典型草甸和盐生草甸两个植被亚型及其以下的群系和群丛。

第一节　白茅草甸

白茅草甸（Form. *Imperata cylindrica*）是黄河三角洲分布较广的典型草甸。它主要分布在土壤含盐量低的地段，常常形成以白茅为优势物种的单优群落，除白茅外还有芦苇、野大豆等伴生。

一、生态习性及分布

白茅（*Imperata cylindrica*）为禾本科根茎类禾草，茎直立，高60~100 cm，分布于非洲、亚洲西部，在我国北方各地广泛分布（图7-1）。在山东各地的山区、平原、河滩、海滨都可见到，在山坡平坦地段、沟边和路边常见。白茅喜光也耐阴，喜肥也耐瘠薄，能在各种土壤中生长。在黄河三角洲土壤含盐量低于0.6%的地段分布更多，在保护区范围内，一千二管理站和大汶流管理站有集中成片的分布（图7-2）。白茅的适应力极强，在土壤肥沃的地段常形成单优群落。在黄河三角洲地区，白茅及其形成的群落也很普遍。20世纪50~70年代，在黄河三角洲地区可以见到大面积的白茅群落，后来由于开垦农田以及石油产业的发展，大面积的白茅群落已不多见，目前只是零星、片段化出现。

（a）

（b）

图 7-1　白茅和白茅群落

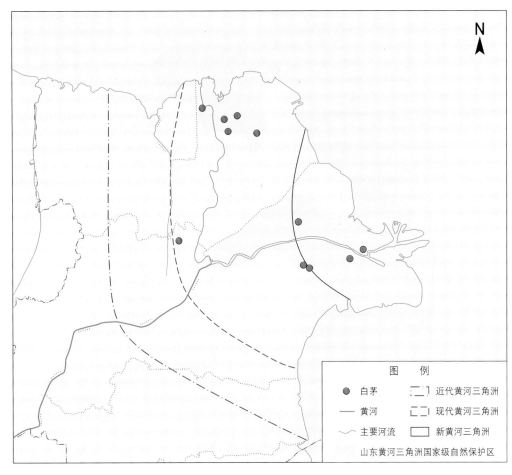

图 7-2 白茅分布图

二、群落种类组成和外貌结构

白茅群落分布的地段土壤盐渍化轻且养分相对充足，因而植物种类也比较丰富，在所调查的 8 个样方中超过 20 种，平均每个样方出现 5 种以上，各样方种数在 3~7 种之间，在草甸群落中种类最丰富。除了白茅，其他种类还有荻、芦苇、罗布麻、野大豆、茵陈蒿、大蓟等；有些地段偶见柽柳、盐地碱蓬、獐毛等，表明周边土壤盐分略高。

群落高度为 50~100 cm，群落总盖度为 50%~100%，较为均匀。可分为 2 个草层，但层次界限不十分明显。草层下的枯立物较为丰富，显示群落下土壤的有机质含量较高。Shannon-Wiener 多样性指数的变化范围在 0.73~1.67 之间，Simpson 多样性指数的变化范围为 0.41~0.77，Pielou 均匀度指数的变化范围为 0.66~0.86。由于该群落类型的覆盖度高，土壤的盐分低，地上生产力平均为 200~500 g/m^2。

该群落类型的季相变化明显。初春，由于上一年枯立物的存在，群落呈褐色；4 月末，群落开始转绿，呈草绿色；生长旺季，群落的外貌以白茅绿色叶层为背景，其中有一些开着白色的花序，草丛中的白茅占有绝对的优势；到了 8 月份，群落中的白茅为盛花期，花序呈白色，使得整个群落外貌由白色的花序和深绿色的叶层组成（图 7-3），群落外貌表现为白色景观；10 月末，群落地上部分枯死，呈现灰褐色外貌。

（a）

（b）

图7-3　白茅群落外貌

三、群落类型及特征

白茅群落分布于离海岸较远、海拔3 m左右的缓平坡地，群落下的土壤为轻度盐化至中性。群落的优势种明显，通常只有白茅1种，因而群系以下的类型比较简单，可以划分为3~4个群丛，主要有白茅群丛、白茅＋芦苇群丛（表7-1和表7-2）、白茅＋荻群丛（表7-3）、白茅＋獐毛群丛（表7-4）等。

白茅＋芦苇群丛分布在土壤盐分较低的地段，种类组成相对丰富，一般有10~20种，可以划分出高草层和矮草层2~3个亚层次。白茅＋獐毛群丛（表7-4）分布在土壤盐分较高的地段，种类组成相对少，也可以划分出2~3个亚层次。

表 7-1 垦利区白茅 + 芦苇群丛综合分析表

调查地点：东营市垦利区		样方面积：100 m² × 7	
调查日期：2011 年 9 月		总盖度：100%	

种名	频度 /%	多度（德）[①]	盖度 /%	高度 /cm		物候期
				一般	最高	
白茅	94	Cop³~Soc	5~100	60	120	花果期
芦苇	71	Sp	1~15	75	150	开花期
荻	20	Sp	1~5	70	120	花果期
狗尾草	34	Sp	1~30	25	30	结实期
野大豆	26	Sp	1~20	45	70	花果期
金色狗尾草	20	Sp	1~15	64	119	花果期
盐地碱蓬	20	Sp	1~45	38	65	花果期
鹅绒藤	17	Sol	1~6	46	60	果期
长裂苦苣菜	17	Sp	1~15	77	120	花果期
猪毛蒿	17	Sp	1~50	32	52	花果期

注：样地外物种还有柽柳、荻、青蒿（*Artemisia caruifolia*）、苦菜（*Ixeris chinensis*）、蓟（*Cirsium japonicum*）、狗娃花（*Aster hispidus*）、草木樨（*Melilotus officinalis*）、华北鳞毛蕨（*Dryopteris goeringiana*）等种类。

[①]多度：Soc 表示"极多"，Cop³ 表示"很多"，Cop² 表示"较多"，Cop¹ 表示"多"，Sol 表示"少"，Sp 表示"稀少"，Un 表示"单一"。

表 7-1　垦利区白茅 + 芦苇群丛综合分析表（续）

种名	频度 /%	多度（德）①	盖度 /%	高度 /cm		物候期
				一般	最高	
补血草	11	Sp	2~35	32	40	开花期
碱蓬	9	Sp	8~29	42	45	花果期
獐毛	9	Sp	10~12	6	27	营养期
蓬蒿	6	Sol	1~5	13	13	果后期
碱菀	3	Sp	20	40	40	花果期
罗布麻	3	Un	3	30	30	花果期
蒙古鸦葱	3	Sol	3	8	8	果后期
茼蒿	3	Sol	7	32	32	果后期
野艾蒿	3	Sp	10	110	110	花果期

注：样地外物种还有柽柳、荻、青蒿（*Artemisia caruifolia*）、苦菜（*Ixeris chinensis*）、蓟（*Cirsium japonicum*）、狗娃花（*Aster hispidus*）、草木樨（*Melilotus officinalis*）、华北鳞毛蕨（*Dryopteris goeringiana*）等种类。
①多度：Soc 表示"极多"，Cop³ 表示"很多"，Cop² 表示"较多"，Cop¹ 表示"多"，Sol 表示"少"，Sp 表示"稀少"，Un 表示"单一"。

表 7-2　河口区白茅 + 芦苇群丛调查综合分析

调查地点：东营市河口区	样方面积：1 m^2×5
调查日期：2010 年 6 月	总盖度：80%

种名	频度 /%	多度（德）[①]	盖度 /%	高度 /cm 一般	高度 /cm 最高	重要值（IV）[②]
白茅	100	Soc	75	45.2	75.3	0.70
芦苇	40	Sp	2		40.0	0.15
罗布麻	20	Un	<1	52.0	52.0	0.02
荻	20	Sol	2	25.2	25.2	0.01
野大豆	20	Sol	2	4.3	4.5	0.01
鹅绒藤	40	Sp	1		9.4	0.01
大蓟	20	Un	<1	7.8	7.8	0.05
茵陈蒿	20	Un	<1	8.0	8.0	0.05

注：样地外有柽柳等种类。

[①]多度：Soc 表示"极多"，Cop^3 表示"很多"，Cop^2 表示"较多"，Cop^1 表示"多"，Sol 表示"少"，Sp 表示"稀少"，Un 表示"单一"；

[②]重要值计算方法：IV=（相对高度＋相对盖度＋相对频度）/3。

表 7-3　白茅 + 荻群丛特征综合分析

调查地点：东营市河口区	样方面积：1 m^2×8
调查日期：2010 年 9 月	总盖度：85%

种名	频度 /%	多度（德）[①]	盖度 /%	高度 /cm		重要值（IV）[②]	物候期
				一般	最高		
白茅	100	Soc	69.5	47.0	61.0	0.582	花果期
荻	12.5	Sol	6.3	10.0	17.1	0.032	花果期
罗布麻	25.0	Sp	2.0	14.0	17.0	0.018	
芦苇	37.5	Sol	1.5	29.0	43.0	0.050	花果期
野大豆	12.5	Un	0.4	10.0	12.0	0.010	果期
小香蒲	12.5	Sol	1.9	11.0	11.5	0.020	
大蓟	25.0	Un	0.8	11.0	17.0	0.010	
碱蓬	25.0	Un	0.1	15.0		0.024	
盐地碱蓬	12.5	Sp	0.1	6.0	8.00	0.013	花果期
狗尾草	50.0	Cop^1	1.4	14.0	22.0	0.060	果期

[①]多度：Soc 表示"极多"，Cop^3 表示"很多"，Cop^2 表示"较多"，Cop^1 表示"多"，Sol 表示"少"，Sp 表示"稀少"，Un 表示"单一"；

[②]重要值计算方法：IV =（相对高度 + 相对盖度 + 相对密度）/3。

表 7-3 白茅 + 荻群丛特征综合分析（续）

种名	频度 /%	多度（德）[①]	盖度 /%	高度 /cm		重要值（IV）[②]	物候期
				一般	最高		
羊草	25.0	Cop^1	3.8	9.0	14.0	0.060	
獐毛	12.5	Sp	0.1	2.0	3.0	0.010	
狗娃花	12.5	Un	0.3	4.0	5.0	0.010	
苣荬菜	12.5	Un	0.1	4.0	5.0	0.010	
金色狗尾草	25.0	Cop^1	3.8	9.0	17.0	0.052	
海州蒿	12.5	Un	0.1	2.0		0.010	
鹅绒藤	25.0	Un	0.2	4.0	5.0	0.010	
旋花	12.5	Sol	0.6	1.0		0.010	
虎尾草	12.5	Sol	0.6	2.0	3.0	0.010	

[①]多度：Soc 表示"极多"，Cop^3 表示"很多"，Cop^2 表示"较多"，Cop^1 表示"多"，Sol 表示"少"，Sp 表示"稀少"，Un 表示"单一"；

[②]重要值计算方法：IV =（相对高度 + 相对盖度 + 相对密度）/3。

表 7-4　白茅 + 獐毛群丛综合分析表

调查地点：东营市垦利区	样方面积：1 m² × 8
调查日期：1990 年 8 月	总盖度：90%

种名	频度 /%	多度（德）[①]	盖度 /%	高度 /cm		物候期
				一般	最高	
白茅	100	Cop¹	50~70	28	36	花　期
獐毛	67	Cop¹	15~25	19	28	花　期
盐地碱蓬	15	Sp	<5	14	17	营养期
蒙古鸦葱	10	Sol	<5	12	19	营养期
野大豆	30	Sol	<5	24	32	营养期
苦菜	20	Sp	<1	10	14	营养期
芦苇	14	Sp	<1	54	98	花　期
罗布麻	10	Sp	<1	21	27	营养期
稗	12	Sp	<1	15	21	营养期
狗尾草	60	Sp	<1	17	19	营养期
虎尾草	30	Sp	<1	13	17	营养期

[①]多度：Soc 表示"极多"，Cop³ 表示"很多"，Cop² 表示"较多"，Cop¹ 表示"多"，Sol 表示"少"，Sp 表示"稀少"，Un 表示"单一"。

四、群落生态和社会经济价值

白茅为根茎类禾草，地下根茎发达，有利于固沙保土和有机质积累，该群落分布的地段土壤盐分一般不到 0.6%，土壤有机质含量也高。黄河三角洲地区常说的"看草开荒"，草就是指白茅，因而白茅分布的地段大多已被开垦为农田，从而导致这一群落类型大大减少。从植被类型多样性和生态保护的角度讲，保护好这一植被类型具有重要的生态意义。从生态演替意义上讲，如果白茅群落保持自然状态，其未来的演替方向应该是灌丛，直到森林植被。在黄河三角洲地区种植的刺槐等乔木能够正常生长，也从另一方面显示了这一地区潜在的植被演替方向。但在目前人为干扰强烈的状况下，黄河三角洲近海区域自然演替为灌丛或森林的可能性不大。

此外，白茅的地下根茎含有较多的淀粉和糖分，因而可以食用。在饥荒时期，白茅根曾经被大量采挖用来充饥，起到了救荒的作用。另外，白茅根还是常用的中药，性甘味甜，可用于止血、清热补肺等。因此，白茅群落的生态、经济、社会价值是很高的，如果能够在一些区段保留一定面积的白茅群落进行长期观测，对演替研究方面的意义很大。

第二节　荻草甸

荻草甸（Form. *Miscanthus sacchariflorus*）是典型草甸，分布在土壤含盐量低的潮湿地段，常与芦苇、野大豆等伴生，或为单优群落。

一、生态习性及分布

荻（*Miscanthus sacchariflorus*）为禾本科根茎类多年生高大禾草，喜湿润、肥沃的土壤。茎秆直立，高可达 1.0~2.5 m，8~10月开花结果。分布于东北、华北、西北等地，在山东省分布很普遍。日本、朝鲜等也有分布。通常生于山坡草地、平原、河岸和沟边，是重要的护坡护岸植物，经常形成单优势种群落（图7-4）。在黄河三

角洲也较为常见，尤以大汶流、一千二两个保护站区域内常见（图7-5）。在大汶流
保护站内，常与旱柳、芦苇等混生，在保护站正东的观光路边形成了壮观的荻草带。

（a）

（b）
图7-4 荻群落

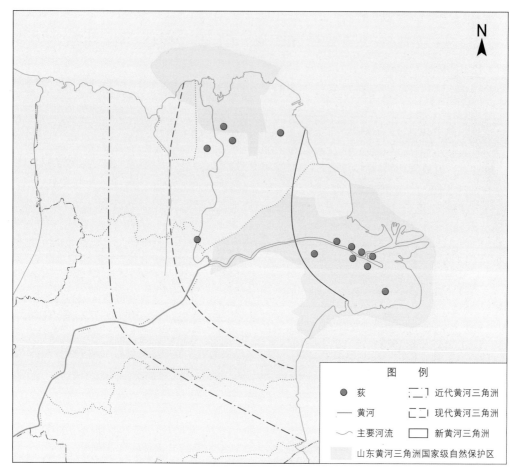

图7-5　荻群落分布图

二、群落种类组成和外貌结构

群落的种类组成较为丰富，常见的种类在10种以上，主要种类有芦苇、野大豆、苦苣菜、狗尾草、白茅、罗布麻等。在靠近河岸的地段，荻常出现在旱柳林下，或者二者混生。

群落高度通常在1 m以上，最高的超过2 m，可分出2~3个亚层。群落的外貌变化较大：春夏之交时节，茂密的荻群落一片葱绿；秋季，白色的花絮似云海，俗称"荻海飘荡""荻海秋色"；晚秋季节，荻的叶色棕红，与白色的花絮相伴，在傍晚日落之时观望，荻海和落日余晖交际,蔚为壮观,是黄河口区域引人注目的植被景观(图7-6)。

（a）

（b）

（c）

（d）

图7-6　荻群落类型

三、群落类型及特征

荻群落分布于新旧黄河口的平坦地带的土壤湿润肥沃处。群落优势种明显，通常形成荻单优群落，群系以下的类型比较简单，可以划分为2~3个群丛，主要的有荻群丛、荻+芦苇群丛（表7-5、表7-6）、荻+白茅群丛（表7-7）等。

荻群丛主要见于大汶流保护站入口正东的路边，是单优群落。荻+芦苇群丛分布在土壤湿润地段，种类组成较丰富，除荻外，还有野大豆、白茅、鹅绒藤、罗布麻、芦苇、节节草等；在大汶流保护站区域，荻常与旱柳伴生，经常是旱柳林下的优势草本，形成高草层。该群落可以划分出高草层、矮草层等2~3个亚层。荻+白茅群丛分布在地形稍高、土壤肥沃的地段，种类组成也较丰富，通常也可以划分出2~3个亚层。

表7-5 荻+芦苇群丛综合分析表（一）

调查地点：东营市垦利区	样方面积：100 m²×2
调查日期：2011年9月	总盖度：100%

层次	种名	频度/%	多度（德）[①]	盖度/%	高度/cm 一般	高度/cm 最高	物候期
草本层	荻	90	Cop³	30~100	200	225	花果期
	芦苇	80	Cop¹	5~35	163	245	开花期
	长裂苦苣菜	70	Cop¹	3~15	68	100	花果期
	野大豆	70	Sp	3~30	65	100	果期
	白茅	30	Cop¹	4~65	68	80	营养期

注：样地外物种还有旱柳、碱菀（*Tripolium pannonicum*）、柽柳（*Tamarix chinensis*）、野艾蒿（*Artemisia lavandulifolia*）、青蒿（*Artemisia caruifolia*）、钻叶紫菀（*Aster subulatus*）、金色狗尾草（*Setaria glauca*）、碱蓬（*Suaeda glauca*）。

①多度：Soc 表示"极多"，Cop³ 表示"很多"，Cop² 表示"较多"，Cop¹ 表示"多"，Sol 表示"少"，Sp 表示"稀少"，Un 表示"单一"。

表 7-5　荻＋芦苇群丛综合分析表（一）（续）

层次	种名	频度 /%	多度（德）①	盖度 /%	高度 /cm		物候期
					一般	最高	
草本层	罗布麻	20	Sp	8~10	71	80	花果期
	茵陈蒿	20	Cop^1	10	58	70	花果期
	蓟	10	Un	2	60	60	花果期
	猪毛蒿	10	Un	5	45	45	花果期
	草木樨	10	Un	20	70	70	花果期

注：样地外物种还有旱柳、碱菀（*Tripolium pannonicum*）、柽柳（*Tamarix chinensis*）、野艾蒿（*Artemisia lavandulifolia*）、青蒿（*Artemisia caruifolia*）、钻叶紫菀（*Aster subulatus*）、金色狗尾草（*Setaria glauca*）、碱蓬（*Suaeda glauca*）。

①多度：Soc 表示"极多"，Cop^3 表示"很多"，Cop^2 表示"较多"，Cop^1 表示"多"，Sol 表示"少"，Sp 表示"稀少"，Un 表示"单一"。

表7-6　荻+芦苇群丛综合分析表（二）

调查地点：东营市垦利区	样方面积：100 m² × 1
调查日期：2011 年 9 月	总盖度：100%

层次	种名	频度 /%	多度（德）[①]	盖度 /%	高度 /cm 一般	高度 /cm 最高	物候期
草本层	荻	100	Cop³	30~80	173	195	花果期
	芦苇	60	Cop²	25~50	150	170	开花期
	长裂苦苣菜	40	Cop¹	5~50	89	102	花果期
	野大豆	60	Cop¹	15~80	87	115	果期
	鹅绒藤	60	Cop¹	15~40	95	150	果期
	碱菀	40	Sp	2~10	54	60	花果期
	狗尾草	20	Sol	3	50		结实期
	金色狗尾草	20	Sol	5	64		花果期
	白茅	20	Cop¹	20	57		营养期
	假苇拂子茅	20	Cop³	70	173		花果期
	罗布麻	20	Sol	10	110		花果期
	刺儿菜	20	Cop¹	20	110	110	果后期
	草木樨	20	Cop¹	45	94	94	花果期

注：样方外还有柽柳、野艾蒿（*Artemisia lavandulifolia*）、车前（*Plantago asiatica*）、地肤（*Kochia scoparia*）、虎尾草（*Chloris virgata*）等种类。

[①]多度：Soc 表示"极多"，Cop³ 表示"很多"，Cop² 表示"较多"，Cop¹ 表示"多"，Sol 表示"少"，Sp 表示"稀少"，Un 表示"单一"。

表 7-7　荻 + 白茅群丛综合分析

调查地点：东营市河口区	样方面积：1 m² × 8
调查日期：2010 年 9 月	总盖度：80%~100%

种名	频度 /%	多度（德）①	盖度 /%	高度 /cm 一般	高度 /cm 最高	重要值（Ⅳ）②	说明
荻	100	Soc	64.6	132.0	150.0	0.582	
苣荬菜	20	Sol	15.0	106.0	116.0	0.032	
野大豆	80	Sol	9.2	90.0	141.0	0.018	
细齿草木樨	40	Sol	6.5		120.0	0.050	
白茅	40	Sol	8.5		84.0	0.010	
猪毛蒿	60	Sp	3.8	52.0	105.0	0.020	
碱蓬	40	Sol	1.3		76.0	0.010	
鹅绒藤	20	Sp	2.0	30.0	40.0	0.024	
罗布麻	40	Sp	2.8		110.0	0.013	
狗尾草	20	Cop¹	15.0	20.0	30.0	0.060	
大蓟	20	Sp	2.0	40.0	50.0	0.060	由于靠近旅游区，伴人植物明显增多
小香蒲	20	Sol	10.0	85.0	93.0	0.010	
节节草	60	Cop¹	6.8	40.0	50.0	0.010	
葎草	20	Sp	0.5	32.0	37.0	0.010	
猪毛菜	20	Sp	2.0	30.0	35.0	0.052	

①多度：Soc 表示"极多"，Cop³ 表示"很多"，Cop² 表示"较多"，Cop¹ 表示"多"，Sol 表示"少"，Sp 表示"稀少"，Un 表示"单一"；

②重要值计算方法：Ⅳ =（相对高度 + 相对盖度 + 相对密度）/3。

四、群落生态和社会经济价值

荻是一种多用途草类，是优良的防沙护坡植物，在黄河三角洲地区的湿润肥沃的土壤上比较常见，是一种很好的土壤指示植物。荻群落作为一种植被景观也很有特色，尤其是深秋季节，荻花絮形成的"荻海"白茫茫一片，很是壮观，深受游人的喜欢，大家纷纷驻足拍照。荻在景观营造、生物质能源开发、生产纸浆等方面有很好的利用前景。

第三节　芦苇草甸

芦苇群落（Form. *Phragmites australis*）是黄河三角洲分布最为广泛的植被类型，分属于典型草甸和沼泽两个类型。本书主要将芦苇群落作为典型草甸植被类型介绍，沼泽植被中也有提及。

一、生态习性及分布

芦苇（*Phragmites australis*）为禾本科多年生高大禾草，地下根茎非常发达，为世界广布种类，生态类型多样（图7-7）。生长于江河湖泊、塘坝、沟渠和低洼地，平原、沙漠等地区也常见。我们的研究发现，芦苇的染色体变异非常复杂，有整倍和非整倍性变异，染色体基数有 3x、4x、5x、6x、7x、8x、10、11x、12x 等，染色体组有 2n=24、2n=36、2n=48、2n=96，2n=38、2n=44 等也都有出现，其基因组也变化很大。这也说明了芦苇能在不同生境中分布及形态千变万化的原因。芦苇既是沼泽、草甸植被的建群种，也是沙丘植被的优势种，还是湖泊、池塘等岸边的优势挺水植物群落的常见种。因此，在植被分类中，芦苇的分类地位和位置很难确定，在《中国植被（1980）》中将其划分在禾草沼泽中。

　　芦苇群落是黄河三角洲分布最为广泛的植被类型，无论是近海滩涂，还是黄河岸边，或是沟渠、水库、塘坝等浅水处都可见到，其中在一千二保护站和大汶流保护站最普遍和常见（图7-8）。

（a）　　　　　　　　　　　　　　　（b）

图7-7　芦苇

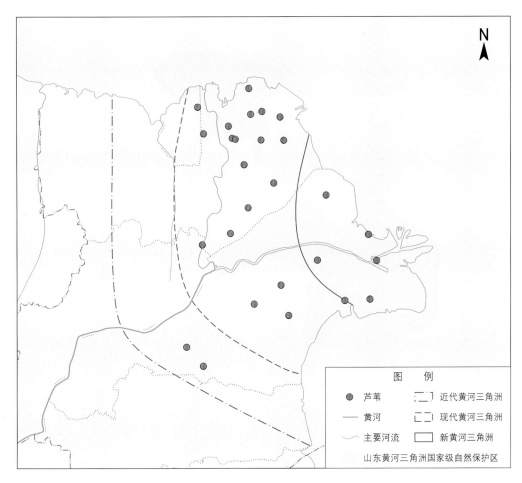

图7-8 芦苇群落分布图

二、群落种类组成和外貌结构

组成芦苇群落的植物种类较为丰富，在统计的8个1 m²的样方中共出现了11种，平均每个样方出现9种，各样地种数变动区间为6~10种。在土壤盐分高的地段，伴生种类常有獐毛、盐地碱蓬等盐生植物，尤其在滩涂或者中度盐碱地带，芦苇与盐地碱蓬常呈带状交替分布。在有短期积水的地段，伴有荆三棱等湿生性禾草；在土壤盐分降低、不太湿润的地段则有白茅、荻、野大豆等中生性植物分布，这也说明了芦苇的广布性和较强的适应性。此外，在土壤干旱地段，芦苇生长得低矮，呈匍匐状，被称为芦草或矮茎芦苇。

芦苇群落的高度为 0.5~2 m 不等，甚至更高，超过 2 m，可分出 2~3 个亚层。

群落的外貌随着季节变化而变化。初春，芦苇开始萌发，到 5 月中下旬呈现淡绿色外貌；到 7 月至 8 月初开花之前，整个群落呈现出葱绿色的外貌；至 8 月下旬芦苇花期开始，群落外貌由淡紫红色花序、花穗和深绿色的叶层组成，红绿相间，随风起伏；10 月中下旬到 11 月，芦苇花絮为白色，呈现出"芦花飘荡""芦花飘絮"的芦荡景观（图 7-9）。

（a）

（b）

图 7-9 芦苇群落外貌

三、群落类型及特征

芦苇群系可以划分成 4~5 个群丛，包括芦苇群丛、芦苇 + 盐地碱蓬群丛、芦苇 + 獐毛群丛、芦苇 + 荻群丛、芦苇 + 狗尾草群丛等（图 7-10）。

除了芦苇群丛外，芦苇 + 盐地碱蓬群丛，也是黄河三角洲较为常见的群落类型，分布在土壤盐分较高的滩涂地段，时常有一定的淹水。除了芦苇和盐地碱蓬外，还有苦苣菜、碱蓬等种类。该群落可明显分出两个层次，以芦苇为主的高草层和盐地碱蓬等组成的低草层。有时候芦苇和盐地碱蓬还呈斑块状或条带状出现，芦苇多的地段盐分较低，碱蓬多的地段盐分较高，反映出土壤盐分和水分的变化。春季和秋季，绿色的芦苇和红色的碱蓬相映，也是常见的植被景观。芦苇 + 盐地碱蓬群丛的群落特征见表 7-8、表 7-9。

（a）

（b）
图 7-10 芦苇群落类型

表 7-8　芦苇＋盐地碱蓬群丛综合分析表（一）

调查地点：东营市垦利区	样方面积：1 m² × 15
调查日期：2011 年 9 月	总盖度：85%

层次	种名	频度 /%	多度（德）①	盖度 /%	高度 /cm 一般	高度 /cm 最高	物候期
草本层	芦苇	100	Cop³~Soc	50~100	145	295	花果期
	萝藦	40	Sp	5	53	75	花果期
	盐地碱蓬	33	Cop¹	3~40	41	65	花果期

注：样方外物种还有柽柳、苘麻（*Abutilon theophrasti*）、荻（*Miscanthus sacchariflorus*）、葎草（*Humulus scandens*）、打碗花（*Calystegia hederacea*）、一年蓬（*Erigeron annuus*）、中亚滨藜（*Atriplex centralasiatica*）、地肤（*Kochia scoparia*）。

①多度：Soc 表示"极多"，Cop³ 表示"很多"，Cop² 表示"较多"，Cop¹ 表示"多"，Sol 表示"少"，Sp 表示"稀少"，Un 表示"单一"。

表7-8 芦苇＋盐地碱蓬群丛综合分析表（一）（续）

层次	种名	频度 /%	多度（德）[①]	盖度 /%	高度 /cm 一般	高度 /cm 最高	物候期
草本层	长裂苦苣菜	28	Sp	1~60	58	108	花果期
	鹅绒藤	23	Cop¹	1~40	60	102	果期
	碱蓬	17	Cop¹	1~75	57	93	花果期
	碱菀	16	Cop¹	3~30	74	105	花果期
	罗布麻	16	Sp	1~35	70	110	花果期
	狗尾草	15	Sp	1~45	69	121	结实期
	刺儿菜	14	Sp	4~20	59	120	果后期
	野大豆	12	Sp	1~20	86	142	果期
	白茅	12	Cop¹	2~75	62	95	营养期
	猪毛蒿	11	Cop¹	5~35	52	90	花果期
	补血草	7	Sp	3~30	41	110	开花期
	西来稗	4	Sp	2~35	78	92	花果期
	草木樨	4	Soc	6~40	93	120	花果期
	金色狗尾草	3	Sp	1~10	38		花果期
	苣荬菜	3	Cop¹	10~60	83	100	花果期
	假苇拂子茅	3	Sol	5~6	115	120	花果期
	蒙古韭葱	3	Sp	1~10	12	21	果后期
	獐毛	3	Sp	15~95	21	26	营养期

注：样方外物种还有柽柳、苘麻（*Abutilon theophrasti*）、荻（*Miscanthus sacchariflorus*）、葎草（*Humulus scandens*）、打碗花（*Calystegia hederacea*）、一年蓬（*Erigeron annuus*）、中亚滨藜（*Atriplex centralasiatica*）、地肤（*Kochia scoparia*）。

[①]多度：Soc 表示"极多"，Cop³ 表示"很多"，Cop² 表示"较多"，Cop¹ 表示"多"，Sol 表示"少"，Sp 表示"稀少"，Un 表示"单一"。

表 7-8 芦苇 + 盐地碱蓬群丛综合分析表（一）（续）

层次	种名	频度 /%	多度（德）[①]	盖度 /%	高度 /cm		物候期
					一般	最高	
草本层	蓟	1	Un	5	35	35	花果期
	狗娃花	1	Sp	2	21	21	果后期
	蔗草	3	Cop^1	10	55	60	花果期
	牡蒿	1	Sol	2	37	37	花果期
	蓬蒿	1	Sol	8	78		果后期
	青蒿	1	Sol	<1	66		果后期
	茼蒿	1	Sol	4	15		果后期
	鳢肠	1	Sol	1	21		花果期

注：样方外物种还有柽柳、苘麻（*Abutilon theophrasti*）、荻（*Miscanthus sacchariflorus*）、葎草（*Humulus scandens*）、打碗花（*Calystegia hederacea*）、一年蓬（*Erigeron annuus*）、中亚滨藜（*Atriplex centralasiatica*）、地肤（*Kochia scoparia*）。

[①]多度：Soc 表示"极多"，Cop^3 表示"很多"，Cop^2 表示"较多"，Cop^1 表示"多"，Sol 表示"少"，Sp 表示"稀少"，Un 表示"单一"段。

表7-9 芦苇 + 盐地碱蓬群丛综合分析表（二）

调查地点：东营市垦利区	样方面积：100 m² × 2
调查日期：2011年9月	总盖度：100%

层次	种名	频度 /%	多度（德）①	盖度 /%	高度 /cm 一般	高度 /cm 最高	物候期
草本层	芦苇	100	Cop^2	25~85	162	180	花果期
	盐地碱蓬	90	Cop^1	7~50	60	90	花果期
	碱蓬	80	Sp	2~40	68	120	花果期
	鹅绒藤	40	Sol	1~10	28	42	果期
	狗尾草	30	Sp	5~10	66	70	结实期
	金色狗尾草	20	Cop^1	1~20	59	60	花果期
	西来稗	20	Sp	1~5	65	73	花果期
	长裂苦苣菜	10	Un	1	12		花果期

注：样方外物种还有罗布麻（*Apocynum venetum*）、碱菀（*Tripolium pannonicum*）、柽柳（*Tamarix chinensis*）、猪毛蒿（*Artemisia scoparia*）、茼蒿（*Glebionis coronaria*）。

① 多度：Soc 表示"极多"，Cop^3 表示"很多"，Cop^2 表示"较多"，Cop^1 表示"多"，Sol 表示"少"，Sp 表示"稀少"，Un 表示"单一"。

芦苇 + 獐毛群丛分布在地形较平坦和土壤盐分较低的地段。表7-10、表7-11 说明了该群落的种类组成和高度、盖度、多度和物候等特征。

表 7-10　芦苇 + 獐毛群丛综合分析表（一）

调查地点：东营市垦利区	样方面积：100 m² × 1
调查日期：2011 年 9 月	总盖度：80%

层次	种名	频度 /%	多度（德）[①]	盖度 /%	高度 /cm 一般	高度 /cm 最高	物候期
草本层	芦苇	100	Cop^1	8~40	123	130	开花期
	獐毛	100	Cop^2	25~90	26	30	营养期
	鹅绒藤	100	Sol	1~7	38	45	果期
	盐地碱蓬	60	Cop^1	3~40	35	45	花果期
	碱蓬	60	Sol	2~5	87	120	花果期
	长裂苦苣菜	40	Sol	3~10	32	43	花果期
	狗尾草	20	Cop^1	35	42		结实期
	补血草	20	Cop^1	15	15		开花期
	猪毛蒿	20	Sol	5	80		花果期

注：样外物种还有草木樨（*Melilotus officinalis*）。

[①]多度：Soc 表示"极多"，Cop^3 表示"很多"，Cop^2 表示"较多"，Cop^1 表示"多"，Sol 表示"少"，Sp 表示"稀少"，Un 表示"单一"。

表 7-11　芦苇＋獐毛群丛综合分析表（二）

调查地点：东营市河口区	样方面积：$1\,\mathrm{m}^2 \times 8$
调查日期：1990 年 8 月	总盖度：80%

种名	频度 /%	多度（德）[①]	盖度 /%	高度 /cm 一般	高度 /cm 最高	物候期
芦苇	100	Cop^2	75	48	150	营养期
獐毛	67	Cop^1	20	25	36	花期
白茅	21	Cop^1	5	35	44	营养期
盐地碱蓬	30	Cop	10	18	26	营养期
蒙古鸦葱	5	Sol	<5	14	20	营养期
滨蒿	2	SoI	<5	12	18	营养期
结缕草	5	Sol	<5	12	21	花期
荆三棱	1	Un	<1	16	26	果期
碱蓬	7	Sp	<1	15	24	营养期
莎草	12	Sp	<1	12	18	营养期
荻	13	Sp	<1	44	110	花期

[①]多度：Soc 表示"极多"，Cop^3 表示"很多"，Cop^2 表示"较多"，Cop^1 表示"多"，Sol 表示"少"，Sp 表示"稀少"，Un 表示"单一"。

此外，还有芦苇+狗尾草等群落和芦苇+长裂苦苣菜等群落（表7-12、表7-13）。

表7-12 芦苇+金色狗尾草群丛综合分析表

调查地点：东营市垦利区	样方面积：100 m² × 1
调查日期：2011年9月	总盖度：90%

层次	种名	频度/%	多度（德）①	盖度/%	高度/cm 一般	高度/cm 最高	物候期
草本层	芦苇	100	Cop^2	15~35	43	53	花果期
	金色狗尾草	80	Cop^3	30~45	55	64	花果期
	西来稗	60	Cop^1	10~45	32	38	花果期
	白茅	20	Cop^3	25	25		营养期

①多度：Soc 表示"极多"，Cop^3 表示"很多"，Cop^2 表示"较多"，Cop^1 表示"多"，Sol 表示"少"，Sp 表示"稀少"，Un 表示"单一"。

表7-13 芦苇+长裂苦苣菜群丛综合分析表

调查地点：东营市垦利区	样方面积：100 m² × 2
调查日期：2011年9月	总盖度：95%

层次	种名	频度/%	多度（德）①	盖度/%	高度/cm 一般	高度/cm 最高	物候期
草本层	芦苇	100	Cop^1	15~90	97	128	开花期
	长裂苦苣菜	90	Cop^2	10~80	78	114	花果期

注：样方外物种还有盐地碱蓬（*Suaeda salsa*）。

①多度：Soc 表示"极多"，Cop^3 表示"很多"，Cop^2 表示"较多"，Cop^1 表示"多"，Sol 表示"少"，Sp 表示"稀少"，Un 表示"单一"。

表 7-13　芦苇 + 长裂苦苣菜群丛综合分析表（续）

层次	种名	频度 /%	多度（德）①	盖度 /%	高度 /cm		物候期
					一般	最高	
草本层	鹅绒藤	90	Sp	1~35	47	70	果期
	补血草	30	Sp	3~10	27	45	开花期
	碱蓬	20	Sp	5~8	51	57	花果期
	狗尾草	20	Sp	1~10	43	64	结实期
	罗布麻	20	Sol	4~5	31	46	花果期
	碱菀	10	Cop^1	15	90		花果期
	欧亚旋覆花	10	Cop^1	25	98		果期
	蓬蒿	10	Sol	5	32		果后期
	蒙古鸦葱	10	Cop^3	15	10		果后期
	猪毛蒿	10	Sp	1	47		花果期
	小香蒲	10	Un	2	75		果后期

注：样方外物种还有盐地碱蓬（*Suaeda salsa*）。

①多度：Soc 表示"极多"，Cop^3 表示"很多"，Cop^2 表示"较多"，Cop^1 表示"多"，Sol 表示"少"，Sp 表示"稀少"，Un 表示"单一"。

四、群落价值和保护

芦苇群落具有极高的生态、经济、社会价值和保护意义。

1. 芦苇具有很高的生态价值

芦苇的适应性强，生态型多，各种生境都可以生长，芦苇群落是黄河三角洲最为广泛和常见的植被类型，足以说明其生态重要性。首先，从植被类型多样性方面讲，芦苇可以成为单优群落建群种，也可与旱柳、柽柳、盐地碱蓬、荻、獐毛等形成群落，显示出强势的适应能力。其次，从群落动态方面看，芦苇群落既是沿河岸、河滩最早出现的先锋群落，也是海岸到内陆生态序列中的重要类型，能反映出土壤盐分降低的土壤生境。而在淡水充足的地段，芦苇又可以成为沼泽的建群种，或者挺水植物群落的建群种。此外，由于芦苇的叶、叶鞘、茎、根状茎和不定根都具有通气组织，所以它在净化污水中能起到重要的作用，可以用于污水净化，常用于生态岛建设等方面。

2. 芦苇群落具有很高的生态修复价值

从生态恢复和重建意义上讲，芦苇是湿地修复最常用的种类。近二十多年来，黄河三角洲国家级自然保护区通过生态调水、盐碱地治理等，在保护区恢复了大面积的湿地，使得芦苇群落的面积大大增加，改善了保护区的生态环境质量。

3. 芦苇群落具有保护和提高生物多样性的价值

稀疏、低矮、淡水充足的芦苇群落还是鸟类栖息、觅食的地点，东方白鹳、野鸭等种类多在有芦苇的湿地生境中生存，特别是芦苇 + 盐地碱蓬群落，由于错落有致，疏密不一，正好适合鸟类栖息和觅食，有些鸟类如丹顶鹤甚至可以以芦根（地下茎）为食。

4. 芦苇群落具有很高的社会、经济和文化价值

芦苇开花的季节，白色的花絮特别漂亮，芦花飘荡成为一道靓丽的景观。芦苇茎秆坚韧，纤维含量高，曾经是造纸工业中不可多得的原材料；芦苇也是农村建房、建蔬菜大棚等的常用材料；还可用于草编等。

因此，保护和恢复芦苇群落是黄河三角洲地区的重要任务。近二三十年来，保护区在芦苇群落恢复方面做了很多富有探索性的工作，成效非常明显。这也是鸟类不断增加的重要原因。

同时也应考虑，随着生态修复的进行，芦苇群落的面积不断扩大，如何高效地利用芦苇群落及其相关产品，也是今后需要研究的重大课题。

第四节 盐地碱蓬草甸

盐地碱蓬草甸（Form. *Suaeda salsa*）是盐生草甸植被亚型中耐重度盐碱的亚型，主要分布在平均海潮线以上的近海滩地和次生裸地，这里地势平坦，可以见到灰白色的盐霜裸地斑块和龟裂，盐地碱蓬群系呈明显的带状或者圆圈状分布，时常与芦苇群落交替分布。土壤基质为河、海冲积物，由于经常受到海潮浸渍，土壤湿度大，含盐量为 0.9%~3.0%，所以在近海滩涂处分布的该群落也可被划归为盐沼类型。

此外碱蓬（*Suaeda glauca*）也常与盐地碱蓬混生，或者单独形成小片群落，本书对此不做单独描述。

一、生态习性及分布

盐地碱蓬（*Suaeda salsa*）是藜科碱蓬属（*Suaeda*）植物，也称翅碱蓬，俗称黄须菜。为一年生草本，茎直立、分支，高 20~60 cm，个别可到 80~100 cm。盐地碱蓬为肉质盐生植物，植体具有典型的盐生结构，植株含红色色素（图 7-11）。幼苗时和成熟后植株呈紫红色或者红色，如果是大片分布，远远看去就像铺在地上的红地毯，所以在辽河口、黄河口地区都称之为"红地毯"。由于特别耐盐，盐地碱蓬也是黄河三角洲淤泥质潮滩的先锋植物和重盐碱土的指示植物，如弃耕地 2~3 年后即可有盐地碱蓬出现。据测定，盐地碱蓬灰分含量高达 33.83%，Na^+ 含量 7.73%，K^+ 含量 1.91%，Ca^{2+} 含量 1.17%；水提取液成分中 Cl^- 占 14.55%，SO_4^{2-} 仅占 3.40%，盐地碱蓬植物体内的化学成分反映了其耐盐的生态特征。

盐地碱蓬在黄河三角洲到处可见，或成片，或呈斑块状和带状。在国家保护区内的一千二保护站、黄河口站和大汶流保护站都有大面积的盐地碱蓬分布，其他海滨潮滩区域和内陆盐碱高的土壤上也很常见（图 7-12）。盐地碱蓬分布的滩涂地段，各类底栖动物如贝类、蟹类等经常出现，所以也常常是鸟类如黑嘴鸥、丹顶鹤等觅食的地段。

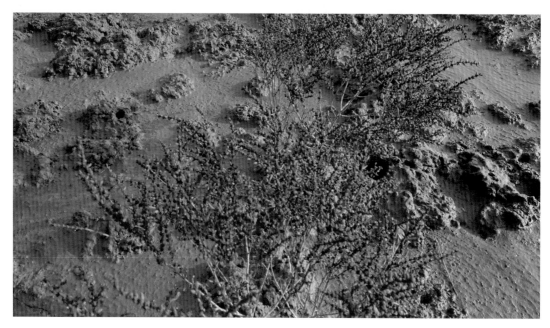

（a）

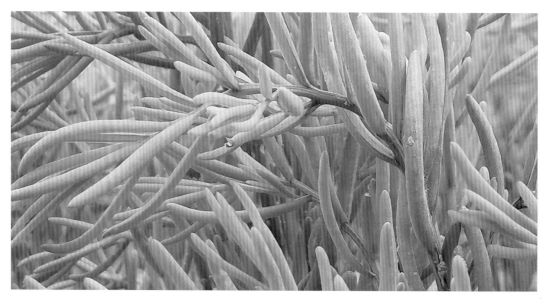

（b）

（c）

（d）

图 7-11　盐地碱蓬

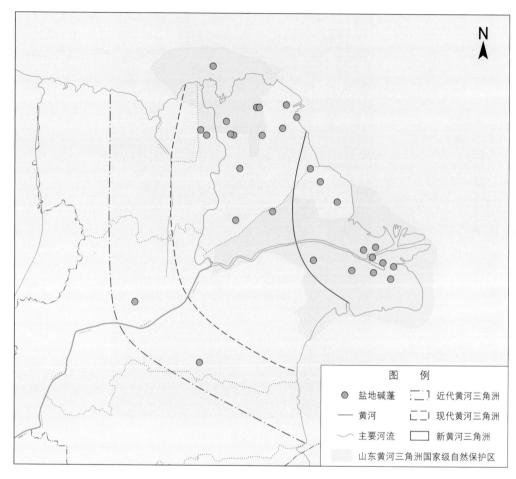

图 7-12　盐地碱蓬群落分布图

二、群落种类组成和外貌结构

盐地碱蓬群落的种类组成不太复杂，以盐地碱蓬为单优势种的群落，分布在滩涂和重盐碱地带，面积很大，种类组成很简单，主要是盐地碱蓬，偶见盐角草（*Salicornia europaea*）等。在土壤盐分降低的地段，植物种类明显增加，伴生种类有芦苇、獐毛、补血草、碱蓬等，偶有散生的柽柳。

群落高度 30~60 cm，高的可达 80 cm。通常只有 1~2 个层次，盐分低的地段由于芦苇等的出现，可明显分出 2 个层次。

群落的外貌在不同地段和季节有所变化（图 7-13）。在土壤黏重、干燥、含盐量较高的地段，盐地碱蓬分布稀疏，生长得低矮，分枝少，群落外貌呈紫红色。在水分多且盐分相对低的平坦地段，植株生长得好，为深绿色，丛生状，植株高大。通常到 9 月之后，叶子变为红色，整个群落外貌也为红色，状如红色地毯，构成了群落的秋季季相。

（a）

（b）

图 7-13　盐地碱蓬群落外貌

三、群落类型和特征

盐地碱蓬群系可以划分为 3~4 个群丛，主要有盐地碱蓬群丛、盐地碱蓬 + 芦苇群丛、盐地碱蓬 + 獐毛群丛等（图 7-14）。

单优势种的盐地碱蓬群落，几乎全是盐地碱蓬，分布在滩涂和盐分高的地段；盐地碱蓬 + 芦苇群丛分布的地段地形起伏，时有积水，种类明显增加；而盐地碱蓬 + 獐毛群丛分布在土壤盐分稍低、地势较平坦的内陆地带，种类更多。表 7-14~表 7-18 是几个主要群丛的群落特征表，从表中可以看出群落的种类组成、外貌、高度、盖度等变化。

（a）

（b）

（c）

（d）

图 7-14　盐地碱蓬群落类型

表 7-14　盐地碱蓬群丛综合分析（一）

调查地点：东营市河口区	样方面积：1 m² × 12
调查日期：1990 年 8 月	总盖度：10%~70%

种名	频度 /%	多度（德）①	盖度 /%	高度 /cm 一般	高度 /cm 最高	物候期	说明
盐地碱蓬	100	Cop³	10~70	13	16	营养期	滩涂
碱蓬	80	Sp	5	15	18	营养期	

注：样地外物种还有碱菀（*Tripolium pannonicum*）、柽柳（*Tamarix chinensis*）、野艾蒿（*Artemisia lavandulifolia*）、青蒿（*Artemisia caruifolia*）、钻叶紫菀（*Aster subulatus*）、金色狗尾草（*Setaria glauca*）、碱蓬（*Suaeda glauca*）。

①多度：Soc 表示"极多"，Cop³ 表示"很多"，Cop² 表示"较多"，Cop¹ 表示"多"，Sol 表示"少"，Sp 表示"稀少"，Un 表示"单一"。

表 7-14 盐地碱蓬群丛综合分析（一）（续）

种名	频度 /%	多度（德）[①]	盖度 /%	高度 /cm		物候期	说明
				一般	最高		
芦苇	5	Sp	1	13		营养期	低湿处
蒙古鸦葱	6	Un	<1	11		营养期	平坦处
补血草	8	Un	<1	14		营养期	平坦处
盐角草	1	Un	<1	15		营养期	滩涂
獐毛	5	Sp	<1	10		花期	平坦处

注: 样地外物种还有碱菀（*Tripolium pannonicum*）、柽柳（*Tamarix chinensis*）、野艾蒿（*Artemisia lavandulifolia*）、青蒿（*Artemisia caruifolia*）、钻叶紫菀（*Aster subulatus*）、金色狗尾草（*Setaria glauca*）、碱蓬（*Suaeda glauca*）。

[①]多度: Soc 表示"极多"，Cop³ 表示"很多"，Cop² 表示"较多"，Cop¹ 表示"多"，Sol 表示"少"，Sp 表示"稀少"，Un 表示"单一"。

表 7-15　盐地碱蓬群丛综合分析表（二）

调查地点：东营市垦利区	样方面积：1 m²×9
调查日期：2011 年 9 月	总盖度：95%

层次	种名	频度 /%	多度（德）[①]	盖度 /%	高度 /cm 一般	高度 /cm 最高	物候期
草本层	盐地碱蓬	100	Cop^3	8~90	43	80	花果期
	芦苇	29	Sp	1~35	69	130	开花期
	假苇拂子茅	11	Cop^2	7~20	107	120	花果期
	碱菀	9	Sol	5~10	52	80	花果期
	蔍草	7	Sol	2~6	26	40	花果期
	獐毛	7	Cop^1	15~60	12	15	营养期
	猪毛蒿	4	Sol	5~7	29	30	花果期
	碱蓬	4	Cop^2	20	55	60	花果期
	蓬蒿	2	Sol	2	15		果后期
	狗尾草	2	Sol	1	45		结实期
	鳢肠	2	Sol	5	12		花果期

注：分布地为弃耕地，样方外物种还有柽柳、长裂苦苣菜（*Sonchus brachyotus*）、中亚滨藜（*Atriplex centralasiatica*）、具芒碎米莎草（*Cyperus microiria*）、委陵菜（*Potentilla chinensis*）、盐角草（*Salicornia europaea*）。

[①]多度：Soc 表示"极多"，Cop^3 表示"很多"，Cop^2 表示"较多"，Cop^1 表示"多"，Sol 表示"少"，Sp 表示"稀少"，Un 表示"单一"。

表 7-16 盐地碱蓬 + 芦苇群丛综合分析表

调查地点：东营市垦利区	样方面积：1 m² × 3
调查日期：2011 年 9 月	总盖度：70%

层次	种名	频度 /%	多度（德）[①]	盖度 /%	高度 /cm 一般	最高	物候期
草本层	芦苇	87	Cop^1	1~60	87	160	开花期
	盐地碱蓬	80	Cop^2	25~65	51	60	花果期
	碱蓬	40	Sol	5~20	70	103	花果期
	獐毛	20	Cop^3	50~70	21	25	营养期
	狗尾草	20	Sol	2~5	38	52	结实期
	中亚滨藜	13	Sp	4~55	43	48	花果期
	柽柳	13	Sol	1~10	32	100	果后期
	野大豆	13	Sol	1~13	8	13	果期
	虎尾草	7	Sol	<1	35		花果期
	猪毛蒿	7	Sol	1	24		花果期

注：样地外物种还有灰绿藜（*Chenopodium glaucum*）、茼蒿（*Glebionis coronaria*）、补血草（*Limonium sinense*）、狗娃花（*Aster hispidus*）、长裂苦苣菜（*Sonchus brachyotus*）、罗布麻（*Apocynum venetum*）。

[①]多度：*Soc* 表示"极多"，*Cop³* 表示"很多"，*Cop²* 表示"较多"，*Cop¹* 表示"多"，*Sol* 表示"少"，*Sp* 表示"稀少"，*Un* 表示"单一"。

表 7-17　盐地碱蓬 + 獐毛群丛综合分析表

调查地点：东营市垦利区	样方面积：100 m²
调查日期：2011 年 9 月	总盖度：70%

层次	种名	频度 /%	多度（德）①	盖度 /%	高度 /cm		物候期
					一般	最高	
草本层	盐地碱蓬	100	Cop²	30~65	40	45	花果期
	獐毛	100	Cop¹	10~55	13	21	营养期
	芦苇	80	Sol	2~10	25	42	开花期
	碱蓬	20	Sol	3	16		花果期

注：样地外有柽柳（*Tamarix chinensis*）、金色狗尾草（*Setaria glauca*）、碱蓬（*Suaeda glauca*）。
①多度：Soc 表示"极多"，Cop³ 表示"很多"，Cop² 表示"较多"，Cop¹ 表示"多"，Sol 表示"少"，Sp 表示"稀少"，Un 表示"单一"。

除了上述几个群丛外，在农田或者建筑用地撂荒后，会出现盐地碱蓬和狗尾草、芦苇、灰绿藜等形成的次生性退化群丛，群落组成和其他特征见表 7-18。

表 7-18　盐地碱蓬 + 狗尾草群丛综合分析表

调查地点：东营市垦利区	样方面积：100 m² × 1
调查日期：2011 年 9 月	总盖度：65%

层次	种名	频度 /%	多度（德）[①]	盖度 /%	高度 /cm 一般	高度 /cm 最高	物候期
草本层	盐地碱蓬	100	Cop¹	1~45	34	38	花果期
	狗尾草	80	Cop¹	4~25	48	68	结实期
	碱蓬	80	Sp	3~10	32	40	花果期
	芦苇	80	Sp	4~15	27	35	开花期
	灰绿藜	40	Sol	3~5	24	25	花果期
	鹅绒藤	40	Sol	2	16	20	果期
	西来稗	20	Sp	10	28		花果期

注：样地外物种还有龙葵（*Solanum nigrum*）、长裂苦苣菜（*Sonchus brachyotus*）、车前（*Plantago asiatica*）、虎尾草（*Chloris virgata*）。

[①]多度：Soc 表示"极多"，Cop³ 表示"很多"，Cop² 表示"较多"，Cop¹ 表示"多"，Sol 表示"少"，Sp 表示"稀少"，Un 表示"单一"。

　　如前所述，在黄河三角洲，碱蓬（*Suaeda glauca*）有时也可单独形成群落，但分布不如盐地碱蓬广泛，且有时混生。群落种类组成与次生盐地碱蓬群落相似。在所调查的 6 个样方中出现了 10 种植物，平均每个样方 4 种，各样方物种数在 2~7 之间变动，其中一年生草本植物常见，说明其次生特征。群落盖度在 50%~90% 之间。样方调查结果见汇总表 7-19。

表 7-19　碱蓬群丛综合分析

调查地点：东营市河口区	样方面积：1 m² × 6
调查日期：2010 年 9 月	总盖度：50%~90%

种名	频度 /%	多度（德）[①]	盖度 /%	高度 /cm 一般	高度 /cm 最高	重要值（Ⅳ）[②]
碱蓬	100	Cop³	61.0	88.5	105.8	0.48
刺沙蓬	17	Sp	≦1.0	9.0	10.0	0.01
荻	33	Sp	≦1.0	25.0	30.0	0.02
鹅绒藤	17	Sp	≦1.0	30.0	80.0	0.02
狗尾草	17	Sp	≦1.0	17.0	20.2	0.01
狗牙根	17	Sol	≦1.0	15.0	20.0	0.01
虎尾草	17	Sol	3.0	15.0	27.0	0.01
芦苇	67	Cop¹	3.2	67.5	105.0	0.19
罗布麻	17	Sp	≦1.0	20.0		0.01
砂引草	17	Sp	≦1.0	25.0		0.01
西来稗	33	Sp	≦1.0	45.0	57.5	0.06
盐地碱蓬	50	Cop¹	9.0	39.3	46.7	0.17

[①]多度：Soc 表示"极多"，Cop³ 表示"很多"，Cop² 表示"较多"，Cop¹ 表示"多"，Sol 表示"少"，Sp 表示"稀少"，Un 表示"单一"；

[②]重要值计算方法：Ⅳ =（相对高度 + 相对盖度 + 相对密度）/3。

四、群落生态和社会经济价值

盐地碱蓬群落具有重要的生态、经济和社会文化价值。

（1）生态价值高。以盐地碱蓬为建群种的盐生草甸分布在滩涂和内陆盐碱化严重的土壤上，是重度盐碱地的指示群落，也是从海岸生境原生演替的先锋群落，是海岸到内陆生态序列的第一个群落。在开垦撂荒或是人为干扰过度的地段，也可以形成盐地碱蓬占优势的次生群落，成为生态退化的标志。从这个意义上讲，盐地碱蓬群落的植被生态学和群落学意义很重要。

（2）盐地碱蓬群落在生物多样性保护方面具有重要意义。在盐地碱蓬分布的滩涂地段，土壤中时常有各种贝类和蟹类，如天津厚蟹（*Helice tientsinensis*）等，是丹顶鹤喜食的种类；同样，黑嘴鸥等水禽也通常在盐地碱蓬群落中栖息和觅食。从这一意义上讲，在滩涂地带，保留一定面积的盐地碱蓬群落对于增加和维持水禽类多样性也是非常重要的。需要注意的是，互花米草的入侵对盐地碱蓬群落造成了潜在威胁，继而影响到底栖动物和鸟类的多样性和生态系统的结构与功能。对于互花米草的入侵机制、程度、趋势等必须高度重视，采取必要措施监控和治理。

（3）盐地碱蓬的经济价值较高。盐地碱蓬的幼苗可以食用，在东营、滨州等地，黄须菜幼苗是夏季餐桌上常见的凉拌菜。碱蓬的种子可以榨油，根据我们的早期研究，种子出油率为 10%~20%，并且富含不饱和脂肪酸、多种维生素等。近二三十年来，碱蓬类植物幼叶、种子油的开发在一些地方已经形成产业。

（4）盐地碱蓬具有特色鲜明的社会文化价值。在景观方面，秋季大片大片红色的盐地碱蓬群落是黄河三角洲独具特色的植被景观，"红地毯"也成为黄河三角洲的一张靓丽名片。在"红地毯"附近拍照，如果再有鸟类在天空飞翔或者觅食，无疑是难得的留念和回忆。

综上，盐地碱蓬及其群落的生态、经济和社会文化价值很高，也是黄河三角洲最有代表性的湿地植物和植被类型。一方面，在滩涂地带，盐地碱蓬群落是先锋群落，也是多种水禽的栖息和觅食场所，从这种意义上讲，其生态重要性是非常明显的。另一方面，在远离海岸的地带，盐地碱蓬既是重度盐碱土的原生指示植物，也是生态退化后的次生指示植物，其生态重要性也很明显。在有些地段，由于防潮坝被毁，海水漫灌，不仅盐地碱蓬随之死亡，群落消失，而且与其相关联的黑嘴鸥等鸟类也明显减少。加上盐地碱蓬的景观和文化、经济等价值，保护好滩涂地带的盐地碱蓬群落及其生境是非常必要的。而在内陆地带的重度盐碱地上也分布着盐地碱蓬群落，如何利用好这类盐碱地，也是党中央和习近平总书记关心的大事。习近平总书记在东营农高区考察时指出，如何利用好盐碱地是一项长期任务，应选择适合在盐碱地生长的植物种植。实际上，盐地碱蓬就是一种适合在盐碱地生长的有利用潜力和前景的植物，未来需要在种子选育、育苗、栽培、收获、深加工等方面开展更多的基础和应用研究，使盐地碱蓬不仅是好看的"红地毯"，也将成为大有作为的"红地产"。

第五节　獐毛草甸

獐毛草甸（Form. *Aeluropus sinensis*）为盐生草甸，多分布在盐地碱蓬群落的外围和离海更远的地段，群落下土壤含盐量在 0.5%~1.5% 的范围内，表明土壤盐分条件有所改善，獐毛群落为轻度、中度土壤盐渍化的指示植物群落。

一、生态习性及分布

獐毛（*Aeluropus sinensis*），俗称马绊草，是多年生根茎型匍匐性盐中生矮禾草，分布在海拔 1.9~2.1 m 的滨海低平地，土壤含盐量 0.5%~1.5%。獐毛通常为丛生匍匐生长，匍匐茎长 80~200 cm，在轻度盐碱土上长势良好，花絮高度为 10~15 cm（图 7–15）。

在一千二管理站及周边区域，獐毛群落较为常见，在其他区域零星分布（图7-16），或是生长在柽柳、芦苇等群落下。

（a）　　　　　　　　　　　　　　（b）

图7-15　獐毛及獐毛群落

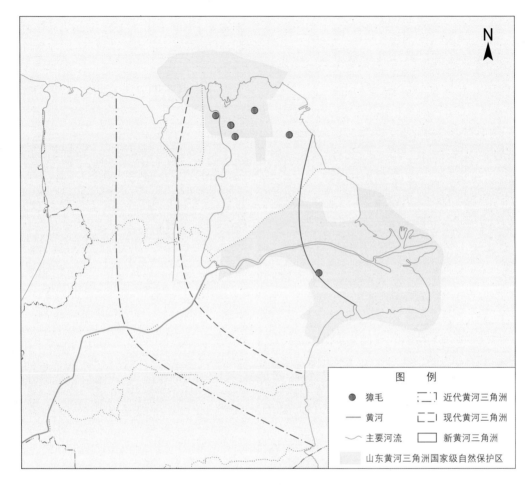

图 7-16　獐毛群落分布图

二、种类组成和外貌结构

　　獐毛群落的种类组成相对较丰富。在中度盐碱土上，除了獐毛，伴生种类有盐地碱蓬、补血草、猪毛蒿等，还可见到柽柳。在海拔 2.2 m 左右的地段，土壤含盐量下降到 1.0% 以下，獐毛生长较好，花絮高度为 15~20 cm，伴生植物还有芦苇、白茅、盐地碱蓬、罗布麻等。在更适合獐毛生长的地段，獐毛也可以形成单优群落，成为放牧场。

　　除了獐毛形成的单优群落外，其他地段的群落覆盖度一般为 50%~85%，很少达到 100%。群落高度为 10~20 cm，纯的群落通常是单层结构，有芦苇、白茅、盐地碱蓬等出现时可以形成 2~3 个亚层。

由于群落低矮和覆盖度低，獐毛群落的季相变化不太明显。初春，由于上一年枯立物的存在，群落呈灰色；生长旺季，群落的外貌呈草绿色；晚秋则又转为灰色（图7-17）。

（a）

（b）

图 7-17　獐毛群落外貌

三、群落类型及特征

獐毛群落可以划分成 3~4 个群丛（图 7-18）。一是单优的獐毛群丛，分布在盐分相对低的平缓地段；二是獐毛 + 盐地碱蓬群丛（表 7-20），分布的地段盐分最高；獐毛 + 白茅群丛（表 7-23）和獐毛 + 芦苇群丛（表 7-21、表 7-22），这两类群丛下的土壤含盐量也较低，一般在 1% 左右。

（a）

（b）

图 7-18　獐毛群落类型

表 7-20　獐毛 + 盐地碱蓬群丛综合分析表

调查地点：东营市垦利区		样方面积：1 m² × 3	
调查日期：2011 年 9 月		总盖度：90%~100%	

层次	种名	频度 /%	多度（德）①	盖度 /%	高度 /cm 一般	高度 /cm 最高	物候期
草本层	獐毛	100	Cop³	8~90	14	23	营养期
	芦苇	67	Sp	1~30	53	95	开花期
	盐地碱蓬	33	Cop¹	1~10	26	35	花果期
	朝天委陵菜	33	Sol	2	10		花果期
	鹅绒藤	33	Sp	2~15	16	30	果期
	狗尾草	33	Un	1~2	28	40	结实期
	白茅	33	Cop²	1~60	36	49	营养期
	猪毛蒿	33	Sp	5~25	29	46	花果期
	补血草	33	Sp	3~10	6	8	开花期
	蓬蒿	33	Sp	1~2	9	10	果后期
	碱蓬	33	Sol	3~5	37	40	花果期
	野大豆	33	Sol	5	35	35	果期
	茵陈蒿	33	Cop¹	7	25		花果期
	假苇拂子茅	33	Cop²	20	10		花果期
	草木樨	33	Un	3	30		花果期

注：样地外物种还有长裂苦苣菜（*Sonchus brachyotus*）、柽柳（*Tamarix chinensis*）、青蒿（*Artemisia caruifolia*）、蒙古鸦葱（*Scorzonera mongolica*）、狗娃花（*Setaria viridis*）。

①多度：Soc 表示"极多"，Cop³ 表示"很多"，Cop² 表示"较多"，Cop¹ 表示"多"，Sol 表示"少"，Sp 表示"稀少"，Un 表示"单一"。

表 7-21 獐毛 + 芦苇群丛综合分析表（一）

调查地点：东营市河口区	样方面积：1 m² × 16
调查日期：1990 年 8 月	总盖度：80%

种名	频度 /%	多度（德）①	盖度 /%	高度 /cm 一般	高度 /cm 最高	物候期
獐毛	100	Soc~Cop³	25~55	15	25	花期
芦苇	82	Cop¹	5~10	48	60	营养期
盐地碱蓬	100	Sol	5~10	18	30	营养期
蒙古鸦葱	31	Sol	<1	17		营养期
滨蒿	31	Sol	<1	16		营养期
白刺	6	Un	<1	11		营养期
柽柳	6	Un	<1	46		营养期
碱蓬	12	Sp	<1	18		营养期

注：样地外物种还有柽柳（*Tamarix chinensis*）。

①多度：Soc 表示"极多"，Cop³ 表示"很多"，Cop² 表示"较多"，Cop¹ 表示"多"，Sol 表示"少"，Sp 表示"稀少"，Un 表示"单一"。

表 7-22　獐毛 + 芦苇群丛综合分析表（二）

调查地点：东营市河口区	样方面积：1 m² × 6
调查日期：2010 年 6 月	总盖度：70%~100%

种名	频度 /%	多度（德）[①]	盖度 /%	高度 /cm 一般	高度 /cm 最高	重要值[②]
獐毛	100	Soc	85	28.4	35.6	0.712
芦苇	83.3	Cop¹	10	92.0	110.2	0.224
鹅绒藤	66.7	Sp	2	35.3	50.2	0.075
盐地碱蓬	16.7	Un	<1	30.0	30.0	0.044
蒙古鸦葱	16.7	Sol	5	18.0	18.6	0.113
苣荬菜	16.7	Sp	1	21.0	21.7	0.042

注：样地外物种还有柽柳（*Tamarix chinensis*）等。

[①] 多度：Soc 表示"极多"，Cop^3 表示"很多"，Cop^2 表示"较多"，Cop^1 表示"多"，Sol 表示"少"，Sp 表示"稀少"，Un 表示"单一"；

[②] 重要值计算方法：Ⅳ =（相对高度 + 相对盖度 + 相对密度）/3。

表 7-23　獐毛 + 白茅群丛综合分析表

调查地点：东营市河口区	样方面积：1 m² × 6
调查日期：2010 年 6 月	总盖度：20%~80%

种名	频度 /%	多度（德）[①]	盖度 /%	高度 /cm 一般	高度 /cm 最高	重要值[②]
獐毛	100	Soc	44.2	18.2	25.0	0.576

注：样地外物种还有柽柳（*Tamarix chinensis*）等。

[①] 多度：Soc 表示"极多"，Cop^3 表示"很多"，Cop^2 表示"较多"，Cop^1 表示"多"，Sol 表示"少"，Sp 表示"稀少"，Un 表示"单一"；

[②] 重要值计算方法：Ⅳ =（相对高度 + 相对盖度 + 相对密度）/3。

表7-23　獐毛＋白茅群丛综合分析表（续）

种名	频度 /%	多度（德）①	盖度 /%	高度 /cm		重要值②
				一般	最高	
白茅	83	Cop³	13.0	25.2	25.8	0.085
芦苇	50	Sp	6.8	20.4	42.0	0.073
盐地碱蓬	33	Cop¹	4.8		3.5	0.071
长裂苦苣菜	17	Sol	3.0	2.0	2.8	0.063
海州蒿	33	Sp	0.8		10.0	0.026
蒙古鸦葱	17	Sol	2.0	4.8	5.6	0.021
萝藦	17	Sp	10.0	15.4	15.8	0.015
藜	17	Un	0.5	11.0	11.0	0.012

注：样地外物种还有柽柳（*Tamarix chinensis*）等。

①多度：Soc 表示"极多"，Cop³ 表示"很多"，Cop² 表示"较多"，Cop¹ 表示"多"，Sol 表示"少"，Sp 表示"稀少"，Un 表示"单一"；

②重要值计算方法：Ⅳ＝（相对高度＋相对盖度＋相对密度）/3。

四、群落生态和社会经济价值

獐毛群落作为黄河三角洲最有代表性的植被类型，具有多方面的价值。

（1）生态和学术价值。獐毛是泌盐植物，它吸收的盐分通过茎叶的表面腺体分泌出去，不储存在机体内，免遭盐害。同时，獐毛对土壤溶液的 Cl^- 和 SO_4^{2-} 的适应范围很大（分别为 1.40~17.77 mg 当量 /100 g 干土重和 0.35~17.80 mg 当量 /100 g 干土重），獐毛的灰分含量较低（6%~10%），除 Na 的含量低以外，Ca、K 等却相差不大，反映出獐毛对中性可溶盐有很好的适应力，能够在中度和轻度盐土上生长，是中度和轻度盐碱土的指示植物。同时，獐毛群落也是原生演替中第二个阶段的类型，反映出植被演替可以使土壤盐分降低。因此，从生态和学术价值讲很有意义。

（2）经济价值。獐毛在东营一带俗称马绊草，具有很好的适口性，尤其是开花前的嫩叶，蛋白质含量高，为牛、马、羊等采食；抽穗开花后，草质明显下降，而其他植物如蒙古鸦葱、苦菜等的增加可以提供更好的牧草；冬季，獐毛仍保留部分干枯茎叶，也可作为家畜冬季的饲草。獐毛群落在 20 世纪 80 年代前曾是东营、滨州等地的天然牧场，后来由于人为活动的增加和土壤的次生盐渍化，大片的獐毛群落目前已不多见，只是在保护区内及周边区域还有小片分布，但已形不成牧场。

无论是从生态意义还是经济价值方面看，适当恢复一定面积的獐毛群落也是今后植被保护和生态恢复的任务之一。

第六节　罗布麻草甸

罗布麻草甸（Form. *Apocynum venetum*）也属盐生草甸类型，在黄河三角洲不太常见，但却是具有重要生态意义和经济价值的植被类型。它既是原生演替中反映土壤盐分降低的重要阶段，也是撂荒地次生演替中的一个类型。

一、生态习性及分布

罗布麻（*Apocynum venetum*），也称茶棵子，为直立半灌木，高 0.50~1.0 m，花冠呈圆筒状的钟形，紫红色或粉红色（图 7-19）。有一定的抗盐性，生长在轻度盐渍化、含盐量一般低于 1% 的潮湿盐土上。目前在一千二保护站及周边区域较常见（图 7-20）。

（a）

（b）

图 7-19　罗布麻群落

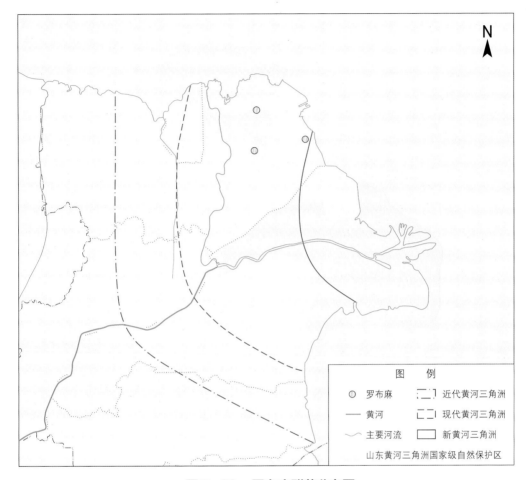

图 7-20　罗布麻群落分布图

二、群落种类组成和外貌结构

　　罗布麻群落的物种是黄河三角洲盐生草甸中植物种类最丰富的，7 个样方中共统计了 21 种植物，伴生种类有白茅、补血草、芦苇、獐毛、盐地碱蓬、狗尾草、虎尾草、蒙古鸦葱、大蓟、野大豆、茵陈蒿、南牡蒿等。

　　群落结构也较为复杂，可以分出 2~3 个亚层次，罗布麻、芦苇、补血草等是第一亚层，高度可达 1 m 以上；蒿类等为第二亚层，高度为 50~60 cm；第三亚层由獐毛、狗尾草等组成，高度在 20 cm 左右。

罗布麻群落的外貌也很有特色（图7-21）。初春，由于上一年枯立物的存在，群落呈褐色；5月开始群落很快转为绿色；7~8月，罗布麻进入草期，花序呈紫红色和粉红色，外貌艳丽多彩，是典型的夏季季相；9月份之后进入秋季季相，以芦苇的暗棕色花序及褐色的罗布麻叶片为主要色调。

（a）

（b）

图7-21　罗布麻群落的结构和外貌

三、群落类型及特征

通常罗布麻形不成单优群落，多与其他种类混生形成群落（图7-22）。可以划分出2~3个群丛，主要是罗布麻＋芦苇群丛和罗布麻＋白茅群丛。

（a）

（b）

图7-22 罗布麻群落类型

表 7-24 和表 7-25 是 2 个主要群丛的群落综合分析表，从表中可以看出群落的种类组成、高度、盖度、物候期等的变化。

表 7-24　罗布麻 + 芦苇群丛综合分析表

调查地点：东营市垦利区	样方面积：100 m²（选择 1 m²×6 个小样方）
调查日期：2011 年 9 月	总盖度：90%

层次	种名	频度 /%	多度（德）[①]	盖度 /%	高度 /cm		物候期
					一般	最高	
草本层	罗布麻	100	Cop³	35~95	34	69	花果期
	芦苇	83	Cop²	15~30	124	162	开花期
	白茅	83	Sol	3~10	68	90	营养期
	獐毛	67	Sp	8~65	35	45	营养期
	鹅绒藤	33	Sp	1~7	41	50	果期
	长裂苦苣菜	50	Sol	1~3	18	20	花果期

注：样方外物种还有补血草（*Limonium sinense*）、碱蓬（*Suaeda glauca*）、盐地碱蓬（*Suaeda salsa*）、蒙古鸦葱（*Scorzonera mongolica*）。

[①]多度：Soc 表示"极多"，Cop³ 表示"很多"，Cop² 表示"较多"，Cop¹ 表示"多"，Sol 表示"少"，Sp 表示"稀少"，Un 表示"单一"。

表7-25　罗布麻＋白茅群丛综合分析表

调查地点：东营市河口区	样方面积：1 m² × 12
调查日期：1990 年 8 月	总盖度：60%~70%

种名	频度 /%	多度（德）①	盖度 /%	高度 /cm 一般	最高	物候期
罗布麻	100	Cop¹	25~35	40	60	营养期
白茅	100	Cop²	5~10	30	50	营养期
獐毛	67	Cop¹	10~15	15	20	花期
芦苇	40	Cop¹	5~10	58	70	营养期
盐地碱蓬	20	Cop¹	10~20	18		营养期
蒙古鸦葱	10	Sol	<5	15		营养期
紫苑	4	Sp	<1	16		花期
水蓼	2	Sp	<1	24		营养期
茵陈蒿	5	Sp	<1	18		营养期
碱蓬	8	Sp	<1	20		营养期
狗尾草	40	Sol	5	15		营养期
虎尾草	23	Sol	5	14		营养期

注：样方外物种还有补血草（*Limonium sinense*）、碱蓬（*Suaeda glauca*）。
①多度：Soc 表示"极多"，Cop³ 表示"很多"，Cop² 表示"较多"，Cop¹ 表示"多"，Sol 表示"少"，Sp 表示"稀少"，Un 表示"单一"。

四、群落生态和社会经济价值

罗布麻群落在黄河三角洲的分布并不广泛，主要在河口区、一千二管理站区域分布。该群落是植被演替中具有一定意义的类型。一是在原生进展演替中，该群落能显示出土壤盐分的降低，是植被演替的中期阶段；二是在退化演替中，该群落是反映土壤盐渍化加剧的指示类型，之前的植被类型是农业植被，退化演替前期，土壤盐分低，有机质相对丰富，所以种类多、密度大，群落覆盖度也高。随着退化的加剧，盐地碱蓬、碱蓬等种类逐步占优势，最终可能出现光板地。所以其生态意义是重要的。

罗布麻也是重要的经济植物。首先，罗布麻是多成分、多效能的药用植物，叶子制片是治疗高血压的常用中药。其次，罗布麻是野生、优良的纤维植物，故称其为"麻"，有"野生纤维之王"的称号。在保护区外，可以通过人工种植的方式扩大产量，既可以充分利用盐碱地，又能产生经济效益，促进高质量发展。

第七节　补血草草甸

补血草草甸（Form. *Limonium sinense*）属于盐生草甸，主要分布于海拔 2.0~2.5 m 的低平地，常呈斑块状分布，自然条件下土壤含盐量为 0.4%~0.6%。在弃耕地及人类活动较频繁的地带为斑块状分布，属于次生植被类型。土壤盐分超过 1% 时，该群落也随之消亡，补血草只是零星出现。

一、生态习性及分布

补血草（*Limonium sinense*），俗称中华补血草，是白花丹科多年生草本植物，为莲座状植物；花萼呈淡黄色，花冠呈兰紫色（图 7-23）；也是典型的泌盐植物，茎叶表面有多细胞盐腺；茎直立，有分支，高度为 15~50 cm；根为直根系，利于盐分吸收。偶尔可见到二色补血草（*Limonium bicolor*），花为白色或淡黄色。

补血草分布于中国沿海各省区，生境为滨海潮盐土或滨海砂土上，土壤一般为盐化草甸土，地下水埋深一般为 0~1.5 m。在河口区和一千二保护站有零星斑块状分布（图 7-24），或与柽柳、獐毛等混生。

（a）

（b）

图 7-23　补血草

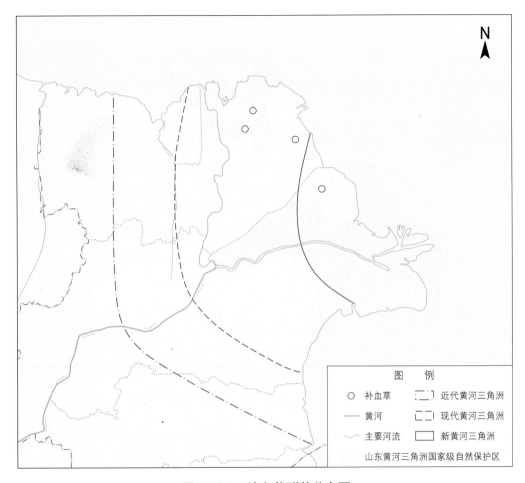

图7-24 补血草群落分布图

图例

○ 补血草　　▢ 近代黄河三角洲

— 黄河　　　▢ 现代黄河三角洲

〜 主要河流　▢ 新黄河三角洲

山东黄河三角洲国家级自然保护区

二、群落种类组成和外貌结构

该群落的种类较为丰富，除补血草外，还有盐地碱蓬、芦苇、蒙古鸦葱、獐毛、猪毛蒿、狗尾草等十余种伴生植物。偶尔可见柽柳分布。

群落高度为30~40 cm，层次不明显，可以分出1~2个亚层。芦苇、补血草等为第一亚层，盐地碱蓬、鸦葱等组成第二亚层。

外貌变化较明显（图7-25）。生长初期，群落的外貌以莲座状生长的补血草为标志，其中分布着蒿类、芦苇、白茅、狗尾草等，群落呈浅绿色；到了6~8月份，补血草为盛草期，花序呈紫色，色彩艳丽，整个群落外貌由绿色的叶层和紫色的花序形成群落的夏季季相；秋季，随着植株的枯萎，外貌渐成褐色，形成了群落的秋、冬季相。

（a）

（b）

（c）

（d）

图 7-25　补血草群落

三、群落类型及特征

该群落可以划分出 2~3 个群丛，很少见到纯的补血草群落，只是偶尔见到小片的集中生长。最常见的是补血草 + 盐地碱蓬群丛（特征见表 7-26 和表 7-27）和补血草 + 獐毛群丛（特征见表 7-28）。

表 7-26　补血草 + 盐地碱蓬群丛综合分析表（一）

调查地点：东营市垦利区	样方面积：100 m²
调查日期：2011 年 9 月	总盖度：22%

层次	种名	频度 /%	多度（德）[①]	盖度 /%	高度 /cm		物候期
					一般	最高	
草本层	补血草	100	Cop¹	20~40	27	31	花果期
	盐地碱蓬	100	Soc	2~15	31	48	花果期
	蒙古鸦葱	80	Sp	2~10	11	14	果后期
	鹅绒藤	80	Cop¹	1~25	22	32	果期
	芦苇	60	Cop²	2~8	64	80	开花期
	碱蓬	60	Sol	3~5	40	52	花果期
	獐毛	60	Cop¹	10~35	15	25	营养期
	长裂苦苣菜	20	Sol	2	12	12	花果期
	白茅	20	Sol	5	46	46	营养期
	猪毛蒿	20	Cop²	10	20	20	花果期

注：样方外还有狗尾草。

[①] 多度：Soc 表示"极多"，Cop³ 表示"很多"，Cop² 表示"较多"，Cop¹ 表示"多"，Sol 表示"少"，Sp 表示"稀少"，Un 表示"单一"。

表 7-27　补血草 + 盐地碱蓬群丛综合分析（二）

调查地点：东营市河口区	样方面积：1 m² × 8
调查日期：1990 年 8 月	总盖度：50%~70%

种名	频度 /%	多度（德）[1]	盖度 /%	高度 /cm		物候期
				一般	最高	
补血草	87	Cop¹	25~55	35	48	花期
盐地碱蓬	75	Cop¹	10~20	14	22	营养期
白茅	25	Cop¹	5~10	22	40	营养期
蒙古鸦葱	25	Sol	<5	12	16	营养期
芦苇	12	Sol	<5	36	98	营养期
滨蒿	12	Sol	<5	12	22	营养期
白刺	12	Un	<1	12	21	营养期
碱蓬	12	Sp	<1	18	24	营养期
狗尾草	62	Sp	<1	12	18	营养期
虎尾草	25	Sp	<1	11	16	营养期

注：样方外还有獐毛。

[1] 多度：Soc 表示"极多"，Cop³ 表示"很多"，Cop² 表示"较多"，Cop¹ 表示"多"，Sol 表示"少"，Sp 表示"稀少"，Un 表示"单一"。

表7-28 补血草 + 獐毛群丛综合分析表

调查地点：东营市河口区	样方面积：1 m² × 6
调查日期：2010 年 9 月	总盖度：70%~100%

种名	频度 /%	多度（德）[①]	盖度 /%	高度 /cm			重要值 (IV)[②]
				一般	最高	最低	
补血草	100	Cop^3	63	45.3	68.6	12.5	0.371
獐毛	50	Soc	38	26.4	40.3	20.5	0.430
猪毛蒿	50	Sol	9	60.3	60.9	15.0	0.112
盐地碱蓬	33	Cop^1	9	40.5	41.0	40.0	0.177
苣荬菜	17	Un	5	55.4	55.8	55.2	0.078
芦苇	67	Sp	3	70.3	80.0	50.5	0.162
鹅绒藤	67	Un	2	30.2	45.3	21.4	0.070
阿尔泰狗娃花	17	Sp	3	20.4	20.7	19.8	0.045
碱蓬	67	Sp	<1	34.2	58.6	28.8	0.088
狗尾草	17	Cop^1	<1	38.6	38.9	38.0	0.152
蒙古鸦葱	17	Sp	<1	9.4	9.9	9.0	0.020
海州蒿	17	Sp	<1	15.4	15.9	14.8	0.026
白茅	17	Un	0.5	42.4	43.0	42.0	0.127

注：样方外还有草木樨（*Melilotus officinalis*）；物候期为补血草盛花期。

[①]多度：Soc 表示"极多"，Cop^3 表示"很多"，Cop^2 表示"较多"，Cop^1 表示"多"，Sol 表示"少"，Sp 表示"稀少"，Un 表示"单一"；

[②]重要值计算方法：IV =（相对高度 + 相对盖度 + 相对密度）/3。

四、群落生态和社会经济价值

自然状态下，补血草群落和罗布麻群落、獐毛群落等性质相近，是自然演替中的中期阶段的类型，反映着土壤盐分的逐渐降低。现今阶段，补血草群落主要分布在弃耕地及人类活动较频繁的地带，为斑块分布的次生植被类型，是植被退化的标志。在自然植被中常零星分布于柽柳 – 獐毛群落中。

补血草是药用植物，根或全草作为民间药材，有收敛、止血等作用。其花朵细小，干膜质，色彩淡雅，观赏时期长，是重要的配花材料。除作鲜切花外，还可制成干花观赏。同属的二色补血草俗称干枝梅，用途同补血草。

可见，补血草群落也具有很高的生态、社会和经济价值。在一定区域内保留和发展是很必要的。同时，补血草的药用、观赏等价值较高，在保护区之外适度地开发利用是可行的。

第八节 其他草甸

除了上述七大类草甸，黄河三角洲还有一些其他类型的草甸，但面积都不大，重要性一般，有些类型只是在局部或者某些时间段出现，稳定性不高。本书不做专门介绍。以下简单介绍几种。

（1）假苇拂子茅（*Calamagrostis pseudophragmites*）群落：分布于低洼的轻盐碱地上，常以斑块状出现。

（2）狗尾草（*Setaria viridis*）群落：常见于 1~2 年的撂荒地和路边。

（3）狗牙根（*Cynodon dactylon*）群落：分布在河岸和池塘岸边，面积都不大。

（4）茵陈蒿（*Artemisia capillaris*）群落：分布于黄河三角洲的撂荒地上，除形成以茵陈蒿为优势种的群落外，还可以同白茅、獐毛、补血草及一年生的植物形成群落，面积也不大。

（5）其他草甸：据有关文献，黄河三角洲还有其他多类草甸，如苜蓿、蒙古鸦葱、地肤、隐子草、小黎、猪毛蒿、猪毛菜等，这些类型大多不稳定，分布范围也很小，不宜作为一个类型处理。

第八章
沼泽和水生植被

沼泽植被（marsh vegetation, bog vegetation）和水生植被（aquatic vegetation）都是生长在多水环境中的植被类型，在性质上属于非地带性植被，但在种类组成上有明显的地带性烙印，所以也被称为隐域植被。按现代生态学的观点，沼泽和水生植被也都属于湿地植被（wetland vegetation）。在《中国植被（1980）》分类系统中，沼泽和水生植被作为一个植被型组，被分成沼泽植被和水生植被两个植被型。本书沿用这种分类方法。

沼泽植被是在土壤多水和过湿条件下形成、沼生植物占优势的一种隐域植被类型。在四川盆地、东北三江平原、三江源区域等，都有发育良好的沼泽植被，中国工农红军"爬雪山过草地"中的"草地"，实际上就是诺尔盖地区的沼泽地。而温带森林带范围内的沼泽最为典型和多样，既有草本沼泽，也有木本和苔藓沼泽。

水生植被是以水生植物为建群种的植被类型，包括分布于湖泊、池塘、河流沟渠以及季节性积水地域的植被类型。水生植被在我国分布也非常广泛，几乎到处都可见到。

组成这两类植被的植物所具有的共同的生态学、生物学和生理学特征是：适合多水环境，如具有特别发达的通气组织、适应水环境的生殖特性等。由于水环境的相对一致性，分布在水体和沼泽中的植物多为广布种，分别被称作水生植物和沼生植物，前者如各种眼子菜，后者如香蒲等。只是在各气候带，由于气候条件等的差异，植物区系成分也带有地带性的特色，如王莲（*Victoria amazonica*）仅分布在热带的南美洲亚马孙河流域。

沼泽植被和水生植被有着密切的关系，实际上有时很难分开，如湖泊的生态系列中，必不可少的类型之一是沼生植物组成的挺水植物群落或者植物带。而沼泽中也分布有多种水生植物，如各类沉水和漂浮植物。

沼泽植被在黄河三角洲并不典型，发育时间也短，没有像典型沼泽土壤中所见到的泥炭。常见的类型如芦苇沼泽、香蒲沼泽多分布于沿黄两岸边、水库、塘坝、小溪、低洼洼地的沼泽土上。

水生植被是黄河三角洲较常见的植被类型。由于黄河三角洲区域内的水系比较发达，因而水生植被遍布大小水域，以河流、水库、池塘与低洼地常年积水处最常见。

这两类植被分布很广泛，很常见，但除了芦苇沼泽、互花米草盐沼等外，面积通常都不大。本书分别介绍沼泽植被和水生植被。

第一节 沼泽植被

沼泽植被是在多水和土壤水过饱和状态下形成的以沼生植物为优势的植被类型。黄河三角洲的沼泽植被多局部分布，与水生植被、草甸植被的一些类型有相似之处。该区域的沼泽都属于草本沼泽植被亚型，可分为莎草沼泽、禾草沼泽和杂类草沼泽 3 个群系组，主要群系有芦苇群系、香蒲群系、菰群系等。而由入侵植物互花米草形成的沼泽实际上分布在沿海滩涂地带，属于盐沼类型。

一、芦苇沼泽

芦苇沼泽（Form. *Phragmites australisi*）是黄河三角洲最为常见的沼泽类型，属于禾草沼泽，在常年积水的地段经常形成大面积的单优势种群落。在短期积水或者无积水的地段则是芦苇草甸。近二十多年的湿地恢复和生态补水，使得黄河三角洲特别是国家保护区范围内的水域明显增加，芦苇沼泽也随之增加。芦苇是建群种和优势种，伴生种类有香蒲、菰、薹草、莎草、泽泻、慈姑等广布沼生种类，在水深处则有多种常见的水生植物，如眼子菜等。芦苇沼泽在一千二管理站、黄河口管理站和大汶流管理站都有大面积分布，特别是大汶流管理站内及河口区各地，芦苇沼泽很常见，也说明近二三十年生态用水的保障为芦苇植被的恢复提供了条件。由于芦苇是适应性和活力非常强的多年生根茎禾草，生态幅相当宽，既可以几乎纯的群落大面积生长在浅水沼泽，也可以在缺水和土壤盐分中度的环境中生长，形成草甸。对几处生长良好的芦苇沼泽叙述如下。

1. 大汶流保护站区域

在黄河现行流路的两侧和附近，由于黄河漫滩和生态补水，沟渠密布，形成了水深 30~50 cm 的沼泽。土壤为沼泽土，芦苇生长良好，高度在 1.0~2.0 m，盖度为 90%~100%，形成单优势群落。在芦苇的外围可见到少量的香蒲（*Typha* spp.）、酸模叶蓼等植物。在该保护区的湿地恢复区，更有一望无际的芦苇沼泽，成为鸟类栖息、觅食的天堂（图 8-1）。

（a）   （b）

（c）

（d）

图8-1　大汶流的芦苇沼泽和鸟类

2. 一千二管理站和黄河故道

黄河故道受经常性的生态补水的影响，河网密布，河岸边都分布有芦苇群落。在一千二管理站外围南北路的两侧，有一望无际的芦苇，几乎是纯群落，高度在1.5 m以上。

3. 黄河口管理站

在黄河口管理站范围内，由于河道和积水处很多，也到处可见芦苇沼泽，但从长势看不及前两个区域。

4. 其他区域

在黄河三角洲区域，只要是有常年积水和河流的地方，都可见到芦苇。在S228省道两侧的沟渠中，芦苇长势良好，在河道中经常可以见到一群群的野鸭和其他鸟类。在黄河防洪坝以内的广大地区也有常年积水或季节性积水，但土壤的含盐量相对较高，芦苇的生长力不及一千二和大汶流站。在近海滩涂上，土壤的含盐量较高，为1.0%~2.0%，尽管有芦苇生长，但高度多在1 m以下，盖度只有20%~30%，伴生植物主要有柽柳、盐地碱蓬、盐角草等耐盐植物，这一类型接近盐沼（图8-2）。

（a）

（b）

（c）

（d）

图8-2　芦苇沼泽

二、菰沼泽

菰（*Zizania latifolia*）沼泽也属于禾草沼泽，面积不大，在各水库边缘和积水超过 0.5 m 的地段经人工栽培而成。伴生植物有芦苇，在低洼积水的地方比重较大，还有荆三棱、稗、水蓼、眼子菜等。

三、香蒲沼泽

香蒲（*Typha orientalis*）也称东方香蒲，香蒲沼泽（Form. *Typha orientalis*）属于杂类草沼泽，除香蒲外还有长苞香蒲（*T. domingensis*）等种类，在黄河三角洲内主要分布于常年积水的水库、池塘、河流的边缘地带，在大汶流管理站的旱柳观光点附近和黄河故道较为常见和典型，在三角洲的其他浅水处也常有分布，可形成单优群落。有时与芦苇混生，或与莎草科或禾本科植物如拂子茅等伴生（图8-3、图8-4）。

（a）

（b）

（c）

（d）

图8-3　香蒲和香蒲群落

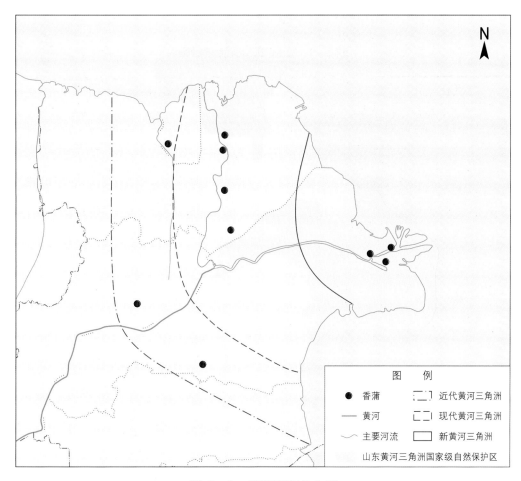

图 8-4　香蒲群落分布图

2010 年 9 月，在河口区调查的 6 个 1 m² 的香蒲群落样方中，记录了 9 种植物，平均每个样方出现 2.5 种植物，各样方种数变动于 1~5 种之间。群落盖度为 50%~100%。本群落样方调查数据见表 8-1。

表 8-1　香蒲沼泽综合分析表

调查地点：东营市河口区	样方面积：1 m² × 6
调查日期：2010 年 9 月	总盖度：50%~95%

种名	频度 /%	多度（德）[①]	盖度 /%	高度 /cm			重要值[②]
				一般	最高	最低	
香蒲	100	Soc	77	115.7	195.7	98.5	0.856
拂子茅	16.7	Sol	0.8	110.0	120.0	80.0	0.020
假苇拂子茅	16.7	Sp	45				0.010
鳢肠	16.7	Sp	0.2	30.0			0.030
芦苇	16.7	Sp	1.0	118.0	210.0	79.0	0.060
烟台飘拂草	16.7	Sp	0.8	110.0			0.010
水莎草	33.3	Sp	0.5	82.0			0.010
头状穗莎草	16.7	Sp	0.1	70.0			0..010

[①]多度：Soc 表示"极多"，Cop³ 表示"很多"，Cop² 表示"较多"，Cop¹ 表示"多"，Sol 表示"少"，Sp 表示"稀少"，Un 表示"单一"；

[②]重要值计算方法：IV =（相对高度 + 相对盖度 + 相对密度）/3。

四、小香蒲沼泽

小香蒲（*Typha minima*）沼泽属于杂类草沼泽，分布于黄河三角洲的河滩和沼泽，在盐碱程度中等的地区也能分布，较典型的群落见于大汶流保护站的新黄河口瞭望塔附近的湿地。以小香蒲为优势种，伴生种有芦苇等（图 8-5）。

（a）

（b）

图 8-5　小香蒲群落

五、互花米草沼泽

互花米草（*Spartina alterniflora*）是禾本科米草属多年生草本植物，俗称大米草，也是典型的盐生植物，在盐分 0%~3% 的土壤和生境中都可生长，其发达的通气组织可使其在盐水环境下生长（图 8-6）。20 世纪 70 年代，江苏省首先从北美引入了互花米草，目的是用于泥质海滩防护和淤滩。上海、浙江、山东等沿海地区也因护滩和淤滩的需要而引进种植，但在引入之前和引入之初对这一物种的生物学和生态学特性缺少全面详细的科学论证和试验，互花米草的适应性极强，结果快速扩散，成为危害极大的入侵植物。在黄河三角洲滩涂和潮间带，互花米草形成了单优的群落，神仙沟附近海边和新黄河口附近已成景观。此外，在胶州湾、大沽河口、小清河口等也有大面积分布（图 8-7）。

互花米草群落（Form. *Spartina alterniflora*）（图 8-8）主要分布在滩涂地带，土壤盐分高，所以该群落实际上属于盐沼类型。互花米草的生长和繁殖力极强，排挤了其他种类的生存，群落的种类很贫乏，5 个样方中全是互花米草 1 种植物，形成了

（a）

（b）

图 8-6　互花米草

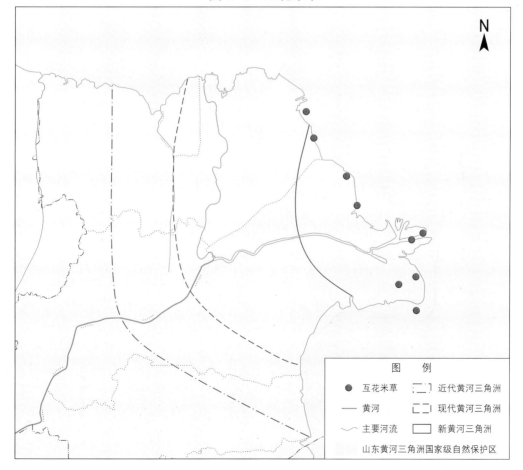

图例

● 互花米草　　┌-┐ 近代黄河三角洲

— 黄河　　　 ┌╌┐ 现代黄河三角洲

∿ 主要河流　　┌—┐ 新黄河三角洲

山东黄河三角洲国家级自然保护区

图 8-7　互花米草群落分布图

密度极高、长势旺盛的单优势群落，在滩涂上常呈圆团块状分布，在潮间带往往成片
分布。群落的高度在 80~120 cm，群落盖度变化在 40%~100% 之间。互花米草群落的
地上生产力并不低，实测的平均鲜重为 418.7 g/m²。表 8-2 是 5 个 1 m² 样方的统计数据。

表 8-2　互花米草群落综合分析

调查地点：东营市河口区海滩	样方面积：1 m²×5
调查日期：2010 年 9 月	总盖度：40%~100%

种名	频度 /%	多度（德）[①]	盖度 /%	高度 /cm			重要值[②]
				一般	最高	最低	
互花米草	100	Soc	40~100	100.0	120.0	80.0	1.000

注：样方外偶见芦苇、盐地碱蓬、盐角草等。

[①] 多度：Soc 表示"极多"，Cop³ 表示"很多"，Cop² 表示"较多"，Cop¹ 表示"多"，Sol 表示"少"，Sp 表示"稀少"，Un
表示"单一"；

[②] 重要值计算方法：Ⅳ =（相对高度 + 相对盖度 + 相对密度）/3。

（a）

（b）

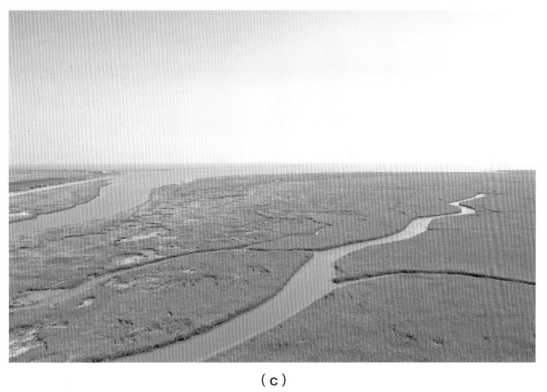

（c）

（d）

图 8-8　互花米草群落

互花米草具有有性和无性两种繁殖方式，所以繁殖力和适应力极强。其种子可随水漂流而达到传播目的；其地下茎也非常发达，无性繁殖力强，固泥促淤效果显著，有利于有机质积累，增加土壤养分，改变土壤的物理状态，但不利于其他植物生长。

互花米草已经对黄河三角洲的生物多样性造成了多方面的危害：一是危害了当地的植被和湿地生态系统，如对盐地碱蓬群落、芦苇群落的入侵，造成这些植被类型减少，以及相伴的植物种类减少；二是对底栖动物如贝壳类、蟹类等的影响，大大减少了蟹类的数量，降低了物种多样性，特别是互花米草群落形成后，原有的天津厚蟹（*Helice tientsinensis*）大大减少，不利于丹顶鹤等水禽的栖息和觅食；三是对景观的影响，降低了景观多样性；此外，还降低了生态服务功能等。这些危害是明显的、巨大的。而盐地碱蓬、芦苇、蟹类等的减少，也使得丹顶鹤等依赖这些群落和物种的鸟类减少。这种危害往往是连锁性的，甚至是不可逆的。

所以采取科学、经济、可行的方式治理互花米草既是当务之急，也是未来国家公园建设必须面对的重要任务。应对互花米草的生态危害，应做好几点：一是加强对互花米草在新扩散地的生物学、生态学和生理学机制研究；二是长期监测和治理，密切关注其生长和扩散动态；三是采取科学、可行、经济的办法治理互花米草，包括淹水、人工清除、机械清除等，这些办法在短期内是可行的，长期是否可行，还要跟踪观测。

六、其他沼泽

除了上面的沼泽类型外，在常年积水的地方还形成了一些以泽泻、灯心草、雨久花、慈姑和三棱草、莎草等为建群种或优势种的沼泽植被，但面积都不太大，也不典型。

第二节　水生植被

水生植被是分布在水域中、由水生植物组成的植被类型。水生植物的生活型可分为挺水植物、漂浮植物和沉水植物三大类，或者分为挺水植物、完全漂浮植物、根生浮叶植物及沉水植物四大类。

挺水植物是根系扎在水底淤泥中、植物体上部或叶子挺出水面的植物，它们兼有水生植物和陆生植物的特征，可以看作是一种过渡类型。典型的种类如禾本科的芦苇（*Phragmites australis*）、菰（*Zizania caduciflora*）、稗子，莎草科的莎草（*Carex* spp.）、飘拂草（*Fimbristylis* spp.），莲科的莲（*Nelumbo nucifera*），香蒲科的香蒲（*Typha orientalis*），泽泻科的泽泻（*Alisma orientale*）等。这类植物也是沼泽植被的优势种类。

漂浮植物的植物体漂浮在水面，根沉于水中，因而可随着水的流动而漂浮。常见的种类如槐叶蘋科的槐叶蘋（*Salvinia natans*），天南星科的浮萍（*Lemna* minor）、紫萍（*Spirodela polyrhiza*），天南星科的大藻（*Pistia stratiotes*），雨久花科的凤眼蓝（*Eichhornia crassipes*），槐叶蘋科的满江红（*Azolla pinnata*）等。

浮叶挺水植物指叶子漂浮于水面而根扎于水底的类型，如睡莲科的睡莲（*Nymphaea tetragona*）、芡实（*Euryale ferox*），菱科的细果野菱（*Trapa incisa*），苋科的喜旱莲子草（*Alternanthera philoxeroides*），睡菜科的荇菜（*Nymphoides peltata*）等。

沉水植物指植物体全部沉没于水中的植物，其根系一般扎于水底，这是典型的水生植物。常见的种类是眼子菜科、金鱼藻科、水鳖科、茨藻科、小二仙草科、水蕨科的植物，如金鱼藻（*Ceratophyllum demersum*）、黑藻（*Hydrilla verticillata*）、狐尾藻（*Myriophyllum spicatum*）、轮叶狐尾藻（*M. verticillatum*）、苦草（*Vallisneria natans*）、菹草（*Potamogeton crispus*）、竹叶眼子菜（*P. wrightii*）、篦齿眼子菜（*Stuckenia pectinata*）、狸藻（*Utricularia vulgaris*）等。

以上四类水生植物以不同的形式和种类相结合，形成各种各样的水生植被，通常以某一类生活型或2~3类生活型的植物为主形成群落。由漂浮植物群落、沉水植物群落、挺水植物群落组成的生态系列，形象地表明水深的梯度变化。在《中国植被（1980）》分类系统中，水生植被作为一个植被型，根据生活型组成的不同，下面划分为3个植被亚型，即沉水植物群落、浮水（漂浮）植物群落和挺水植物群落。

水生植被遍布于黄河三角洲大小河流、水库、池塘及常年积水地。沉水植物群落最常见的为苦草+黑藻（*Hydrilla verticillata*）群落、菹草群落等；浮水植物群落常见的有浮萍群落、眼子菜群落等；挺水植物群落最常见的为莲群落。

一、苦草+黑藻+竹叶眼子菜群落

本群落为沉水植物群落，在水库、池塘、河沟、常年积水地都可见到。群落的盖度为30%~80%。群落生境多为淤泥底质，水深0.5~1.5 m，优势种为苦草（*Vallisneria natans*）、黑藻（*Hydrilla verticillata*）（群落见图8-9）、竹叶眼子菜（*Potamogeton wrightii*）等。苦草为典型的沉水植物，叶丛生，呈狭带状，长 40~50 cm，可随水深而伸长，呈鲜嫩的绿色，果实呈细长棒状，由卷曲的花柄、果梗送达水体上层，利于传粉，这是适应水深环境的繁殖特征，具有典型性。

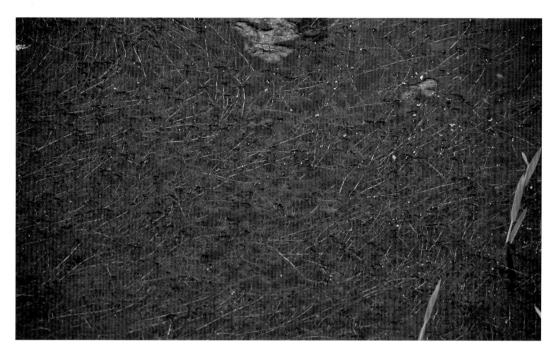

图 8-9　黑藻群落

二、菹草群落

菹草（*Potamogeton crispus*）又称虾藻、虾草、麦黄草，也是典型的多年生沉水草本植物，形成沉水植物群落，生于浅水池塘、水库、小溪及常年积水的地势低洼地，在静水池塘或沟渠较多（图 8-10）。菹草层高 90~120 cm，盖度为 30%~90%。菹草耐污染，不耐高温，秋季发芽，冬春生长，4~5 月开花结果，夏季 6 月后逐渐衰退腐烂，同时形成鳞枝（冬芽）以度过不适环境，所以被称为麦黄草。

三、浮萍群落

浮萍群落（Form. *Lemna minor*）是典型的浮水植物群落，分布在水库、池塘、

（a）

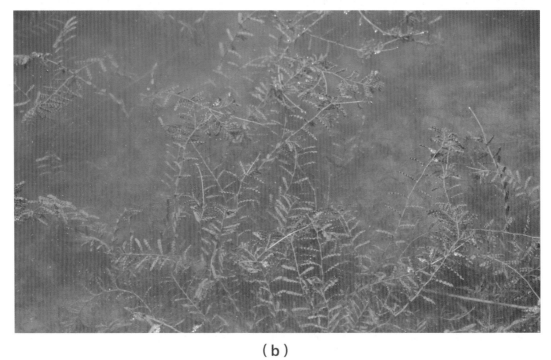

（b）

图 8-10　菹草群落

沟渠和常年积水的地段。建群种为浮萍，是典型的漂浮植物，易随风或水流扩散，混入其他植物群落内; 在沼泽地的水深处也常见。有时可以与品藻(*Lemna trisulca*)混生。浮萍在温暖的春夏季节繁殖迅速，常可很快覆盖全水面，盖度为 90%~100%，形成单优群落。

四、紫萍群落

紫萍群落（Form. *Spirodela polyrhiza* ）也是典型的浮水植物群落，主要分布在水面较静止的水库、池塘和常年积水地段。紫萍为浮水细小草本，密布于水面，经常与浮萍混生，该群落繁殖迅速，生长很快。

五、眼子菜群落

眼子菜群落（Form. *Potamogeton* spp. ）是多年生浮叶扎根植物组成的浮水植被（图 8-11），根扎于淤泥中，建群种有眼子菜、浮叶眼子菜（ *Potamogeton natans* ）等，生长在水库、池塘和小溪中，群落盖度为 30%~50%，甚至更高。

六、莲群落

莲群落（Form. *Nelumbo nucifera* ）为典型的挺水植物群落（图 8-12），在黄河三角洲的河流、池塘、水库和常年积水的湿地边缘都有生长，多为栽培或自然生长，在淤泥深厚、土壤有机质丰富的地段可形成单优势种群落。群落的外貌和盖度随着莲生长季节的不同变化很大，初夏时节，群落外貌为深绿色; 入夏之后莲进入生长旺盛期，叶柄迅速伸长，将大型盾状叶托起，叶片重叠，交互掩映，继而绽出粉红色或白色的大型莲花; 到 8 月份，莲花盛开，形成一片繁花的夏季季相和景观; 9~10 月份，果实大量形成，即莲蓬，成为另一景观。植株高 1.0~1.5 m，甚至超过 2 m。覆盖度 60%~100% 不等。群落边缘有时有芦苇生长，在群落有空隙的水面上还零星分布着浮萍等浮水植物，莲密度低的地方有金鱼藻、菹草、眼子菜等沉水植物生长。

图8-11 眼子菜群落

（a）   （b）

（c）

图 8-12　莲及莲群落

第三节　植被保护和利用

　　沼泽植被和水生植被是特殊的植被类型，既是非地带性的植被类型，又具有某些地带性的烙印。它们都是具有生态价值和社会、经济、文化等价值的植被类型和自然资源。

1. 重要的生态价值

　　沼泽植被和水生植被有着密切的关联，沼泽植被是在水体，特别是湖泊、池塘类的沼泽化过程中形成的，或者是因土壤水分过饱和而形成的。沼泽植被与水生植被在演替上也有着密切的关系：水生植被是沼泽植被演替的前期阶段，所以沼泽植被的植物组成中有各种漂浮、沉水和挺水植物，而挺水植物群落的建群种实际上也是水生植被的建群种，在一个小的地理区域内种类应该是基本相同的。从这个意义上讲，沼泽植被和水生植被的生态重要性显而易见。

2. 重要的生物多样性保护价值

沼泽植被和水生植被是湿地的主体部分，本身属于生物多样性的组成部分，同时也是其他生物多样性的基础、来源和支撑。湿地被认为是生物多样性最为丰富多样的生态系统，如芦苇和盐地碱蓬群落是各种水禽栖息、觅食、繁殖、迁徙的场所，保护水禽，首先要保护其栖息地的植被。沼泽和水生植被中又有多种多样的浮游植物和浮游动物，为各种鱼类提供了食物资源，水生植物也经常是鱼类的产卵处。

3. 重要的社会、经济和文化价值

沼泽植被和水生植被本身就拥有丰富的自然资源，是重要的经济活动的对象和场所，比如渔业就离不开这两类湿地；沼泽和水生植被作为一种景观类型，具有多样的社会、文化价值，是休憩和旅游的重要目的地，是黄河三角洲国家保护区内的实验区，也是供游人旅游观光的胜地；而在碳循环、碳中和、水污染防治、生态产品价值实现等方面，沼泽和水生植被也具有较大的经济和战略意义。

因此，保护和利用好沼泽和水生植被，在生态、经济、社会、文化等方面具有重要意义。

……… 第九章 ………
黄河三角洲湿地植被
分布规律和动态

第一节 黄河三角洲植被的分布规律

水热条件是影响植被分布最主要的环境因子。由于水热条件组合的不同，地球上从赤道到两极，规律性地分布着热带雨林和季雨林、常绿阔叶林、落叶阔叶林、针叶林、冻原等植被类型；从海洋向内陆，则分布着森林、草原和荒漠植被。中国幅员辽阔，生态类型多样，植被类型也复杂多样，从南向北、从东至西，也有类似的变化，除了地带性的冻原带，中国几乎可以见到世界大部分的植被类型。山东省由于全部处于一个气候带——暖温带，加上缺少高山，东西距离也相对较短，因而没有明显的地带性分布规律，只是植被类型和植物种类组成有变化。由于濒临海洋，山东沿海一带的植被类型和植物种类都比西部复杂多样。

在中国植被分区上，黄河三角洲地区属于暖温带北部落叶栎林亚地带，南北纬度差异不足 2°，光热条件差异不明显，加上该地区地势平坦，海拔高度只有 0~15 m，所以基本上看不出植被的差异。更由于滨海地区土壤盐度大、温度相对较低，这一区域的天然植被中各种草甸植被占优势，没有真正意义上的落叶阔叶林和落叶阔叶灌丛。

天然柳林是黄河三角洲地区难得的自然落叶林，是该地区植被演替的偏途顶极群落。但是由于湿地被过度开发利用和客水减少、土壤盐渍化等，导致天然柳林生境片段化，分布范围缩小，目前仅仅在黄河三角洲自然保护区的大汶流一带保存有较好的天然柳林群落，在孤岛以及村落都有少量的旱柳，但比较稀疏，不成林，道路、河流两岸有条带状的人工柳林。人工林主要是刺槐林，在孤岛有面积 600 多 hm² 的人工刺槐林。其他还有人工杨林、白蜡林等，但都不成大片，生长状况也一般。

柽柳是黄河三角洲自然分布最多的耐盐碱灌木，在滩涂、内陆的盐碱地上可以形成天然灌丛，也是黄河三角洲地区难得的木本植物群落。在垦利、利津、河口区等地有大片天然柽柳林，20 世纪 90 年代以前覆盖度达 40% 以上的面积曾经达到 2.7 万 hm²，不仅是黄河三角洲最大的天然灌丛，也是山东省面积最大的落叶灌丛。草甸植被是黄河三角洲地区最普遍的植被类型，反映出该地区土壤盐渍化的特征。黄河三角洲的草甸植被包括典型草甸和盐生草甸两个类型，前者如白茅草甸、芦苇草甸和荻草甸；后者如盐地碱蓬草甸、獐毛草甸、罗布麻草甸等。需要注意防范的是黄河入海口和莱州滨海滩地有大面积的互花米草盐沼，挤占了芦苇、盐地碱蓬的生存空间，存在极大的生态入侵风险，已经引起了各方面的广泛关注。

沼泽和水生植被也是黄河三角洲分布广泛的植被类型，无论是在国家保护区内还是区域内的低洼湿地，都可见到芦苇、香蒲、小香蒲等沼泽植被和由菹草、狐尾藻、篦齿眼子菜、莲等组成的水生植被。据调查，半咸水水体中还有川蔓藻群落。

在黄河三角洲地区还有因弃耕或者人为干扰过度而造成的次生植被类型，如由猪毛蒿、金色狗尾、狗尾草、大蓟、苣荬菜等形成的一年生和多年生禾草、蒿类群落。

在黄河三角洲地区，栽培植被非常普遍。除自然保护区外，农田是最主要的土地利用类型。在盐度相对较高的地区，棉花种植广泛，其次是玉米和小麦。最近二十多年，水稻在黄河三角洲地区也被广泛种植，黄河三角洲大米已逐渐成为区域品牌。蔬菜种植也是本区域的特色之一。在滨州沾化、乐陵两县，枣树是当地的特色果木，枣园分布多。

综上，黄河三角洲地区植被的发生、变化、维持等，是在大的温带季风气候下，由土壤盐分和水分所决定的。从沿海到内陆呈现出耐盐的盐地碱蓬、柽柳、各种草甸的规律替代，反映了盐分和水分的变化，是较为典型的以水盐变化为主导因子的生态系列。图 9-1 是黄河三角洲地区简略的植被类型图。

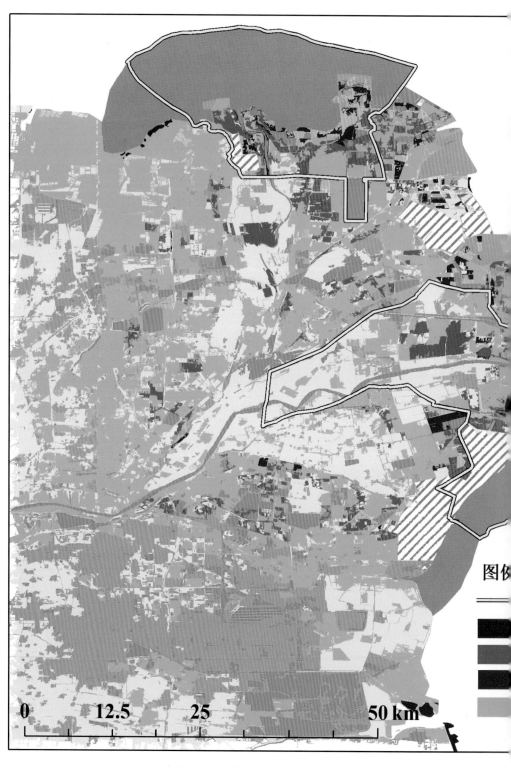

图例

0   12.5   25   50 km

图 9-1　黄河三角洲植被类型图

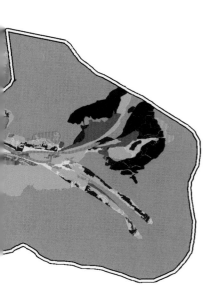

东黄河三角洲国家级自然保护区边界线　　　　刺槐杨树混生群落

花米草群落　　　白茅獐毛混生群落　　　水体

柳群落　　　柽柳碱蓬芦苇混生群落　　　盐池

地碱蓬群落　　　刺槐群落　　　建筑用地及未利用土地

苇群落　　　旱柳群落　　　滩涂及海域

　　　　　农田

黄河三角洲植被类型图如图所示，本图系根据野外调查数据，通过对遥感影像数据的解译，并结合已有的植被类型图，经过综合处理而成，是小比例尺的黄河三角洲植被类型图。除了主要的植被群落类型，一些主要的土地利用类型也在图中标出，因此，本图可以为黄河三角洲植被资源的开发利用、土地利用、国土整治、生态环境评价等提供依据。

本植被图共有 14 个图例，其中自然植被和半自然植被 9 个图例，包括旱柳群落、柽柳群落、白茅群落、芦苇群落、盐地碱蓬群落、獐毛群落、互花米草群落等。此外还有水体（是沼泽和水生植被的载体）、建筑和未利用土地、盐池、滩涂等。

第二节　黄河三角洲植被的演替规律

植物群落的发育，从裸地上植物繁殖体的传播、侵移、定居、增殖至群落的形成，是一个时间和空间上的动态过程。当一个先锋植物群落在裸地上形成之后，不久便被另一个植物群落所代替，继而新的群落又取代前一个群落，依次循序渐进直到顶极群落形成，这就是群落的演替。研究群落演替一般应用定位研究的方法，该方法比较直观有效，但是要求有足够的取样和调查时间，因而在实际应用中存在一定困难。运用空间的生态序列代替时间上的演替系列的方法对群落的演替进行分析是一种更加常用的方法。关于黄河三角洲植被演替的驱动因子，众多的学者已经基本达成了共识。黄河三角洲植物群落演替的过程，实质上就是生境地下水埋深和土壤盐分的变化过程，换言之，地下水埋深和土壤盐分是黄河三角洲植物群落演替的两个主要外界生态因素。

黄河三角洲是黄河泥沙淤积填海而成的，其成土过程也就是土壤脱盐和地面不断抬高的过程，因此，自海向陆，成土年龄不断增加，所以生态系统的空间演替系列可以看作是时间演替系列的缩影。

黄河三角洲植被的演替系列和生态序列具有明显特色。土壤水分和盐分水分及其组合、动态变化，是植被分布、变化和演替的主要驱动力，也是制约黄河三角洲植被分布的主导因素，决定了植被的分布和组合，使黄河三角洲植被具有明显的带状、斑块状分布的特点，表现出不同的演替特征和生态序列，包括从海边滩涂到陆地远处因盐分不同导致的植被梯度分布、从河口地带到陆地因水分不同导致的梯度分布以及由于人为活动导致的植被退化梯度。①植被在中低位盐沼区域呈带状分布，这里土壤含盐量高，主要分布着盐地碱蓬的单一群落；在中高位盐沼，主要分布有盐地碱蓬和柽柳、芦苇等盐生植物群落；由滩涂向内地推进，在有柽柳种源的地方逐渐发育成以柽柳为主的柽柳 – 盐地碱蓬 – 补血草群落。②潮上带区域。随着地势的升高，地表含盐量减少，有机质增加，形成了有一定抗盐特征的一年生和多年生草甸植被，建群种和优势种主要有芦苇、蒿类、獐毛、白茅、狗尾草、补血草等，构成了淡咸水交互区的植被类型。③黄河口河滩地。由于黄河的淤积，黄河口形成了新生裸地，很快就开始植被演替；黄河水经常漫滩，水过后土壤含盐量较低，分布有荻、白茅、罗布麻、旱柳等形成的植物群落。植被的梯度分布格局也决定了鸟类、底栖生物等动物的栖息地分布。④次生演替。由于弃耕撂荒或者是人为干扰过度，也经常出现次生演替。

黄河三角洲植被带状分布格局既是新生河口湿地的重要特征，也是河口湿地维持生物多样性的基础，可以看到不同的生态序列。因此，黄河三角洲地区也是研究植被快速演替、生态序列、植被退化等最佳的天然实验室。

黄河三角洲植被从演替的角度来看，可以分为原生植被演替和次生植被演替两大类。原生植被的发生有两种情况：一是黄河口附近即新黄河三角洲地区开始的演替，二是除黄河口以外的其他地区从滨海裸地开始的演替。次生演替是指原生植被被破坏以后或由于管理不当出现的逆行演替或从弃耕地上开始的次生演替。

新黄河三角洲地区，由于黄河每年自黄土高原携带大量泥沙进入河口地区而不断造陆，使河口新淤地的土质比较肥沃，加上这里光照、温度、降水等自然条件较优越，利于植物的生存。但由于受海水的影响，刚刚开始发育的土壤中盐分含量较高，于是较耐盐、适应力强且耐水湿的芦苇便利用种子或营养繁殖体发芽、生长、繁殖并定居下来。开始时，伴随着斑块状的新生陆地的产生，芦苇群落亦呈斑块状分布，且常受海水浸淹，故极不稳定。随着造陆时间的延长，陆地露出海水的部分越来越高，芦苇群落也随之逐渐成片，郁闭的先锋植物群落就形成了。在土壤盐分低、只是季节性积水的地段会出现旱柳林，这也是该区域的一个特色。

在新黄河三角洲以外的其他地区，特别是滨海地区，植被的发生同土壤的水盐动态也有很大关系。这些地区的土壤母质亦是来自黄河携带的泥沙，在旧黄河口沉积，其后随着沉积边缘的不断推进，出露潮线以上的地面形成了冲积平原的地貌。由于海拔低，海潮易侵入，一次大的海潮过去后，土壤的含盐量及地下水的矿化度增高，过高的土壤盐分不利于植物的生长，形成了不毛之地。经过自然淋洗后，土壤盐分逐渐降低，此时耐盐性极强的盐地碱蓬种子凭借海水或风的传播，经发芽、生长、繁殖和定居的过程，形成了由盐地碱蓬组成的先锋植物群落。最初密度很不一致，盖度极低，先锋群落经过开敞的群落阶段，逐步发展到郁闭的群落阶段。随着先锋植物群落的逐步发展，群落下土壤的理化性质及结构都有所改善，一些中度耐盐的植物就开始进入群落，并在群落中渐渐发挥重要的作用，进一步取代先锋植物种类成为群落的建群种而形成新的群落。

经观察，新黄河三角洲一带，继芦苇群落之后出现的为白茅群落，此时群落中植物种类的数量、群落的盖度和初级生产力显著提高，达到环境的容纳量。同时，白茅群落下的土壤条件也发生了很大的变化，土壤含盐量小于0.6%，有机质可达3%以上，且具有了较好的结构。如果此时环境条件较好，白茅群落会继续演替为林地，但目前受人为活动等的影响，短期内难以自然演替为林地，可以视为亚顶极群落。天然柳林是黄河三角洲新黄河口区域的偏途顶极植被类型，但是如果此时管理不善，会导致群落的逆行演替，一些蒿类、盐地碱蓬等耐盐性较强的植物就会进入群落。

除新黄河口外，其他地方的群落继盐地碱蓬之后，演替过程有两条途径，一是沿草本群落的方向先出现獐毛群落，之后随着环境条件的不断改善，白茅逐渐进入群落，并逐步在群落中取得优势地位，成为新的植物群落，这是现阶段黄河三角洲地区的亚顶级群落。另一条路线是继盐地碱蓬之后，耐盐的灌木种类进入群落，形成以柽柳为优势种的群落。这两类群落虽具有较高的稳定性和生产力，但由于土壤等条件恶劣，导致生态系统本身具有不稳定性，这些群落在受到的干扰超过其自身的恢复能力时，将会发生逆行演替，群落内出现蒿、盐地碱蓬等耐盐植物。图 9-2 显示了黄河三角洲植被的演替模式。

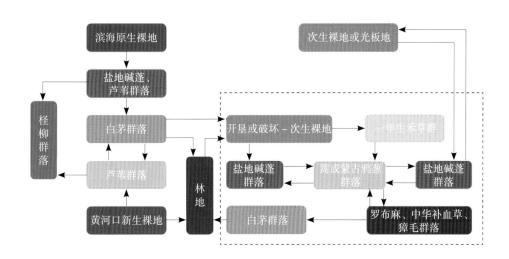

图 9-2　黄河三角洲植被演替模式图

注：此图根据张治国等（1993）稍做修改，虚线框内为次生演替序列。

第三节 黄河三角洲植被的季节动态 ——季相变化

黄河三角洲植物群落的种类组成多属暖温带的区系成分，植物的萌发、生长、落叶等物候变化导致了季相上的明显变化。各种植物的物候期不同，是季相更替的主要原因。如盐地碱蓬群落，从初春季植物刚刚萌发到夏季，由红色变为绿色，随着盐地碱蓬的生长发育，外貌逐渐变化，到秋季时一片通红，甚为壮观。下面就黄河三角洲主要群落类型的季节外貌变化和生长变化进行简单描述。

一、主要群落类型的季节变化

1. 旱柳群落

旱柳群落的外貌在春、夏、秋 3 个季节变化明显。春季，树叶刚萌发时为淡绿的颜色；夏季，叶子展开并茂盛生长，一片郁郁葱葱；秋季，叶子变为淡黄色，点缀着荻花、芦花的白色，较为壮观；落叶之后，冬季呈灰褐色。

2. 柽柳群落

柽柳群落的季相变化也很明显。春季呈现淡绿色外貌；夏季则主要是花的色彩，由于柽柳的花期较长，从春天到初秋，紫红色的花絮引人注目；秋季叶子变为棕黄，整个外貌呈现秋季的景色。在有芦苇、盐地碱蓬、补血草等进入的群落中，夏秋季更是五颜六色。

3. 白茅群落

纯的白茅群落在春季时为草绿色的景观；生长旺季，群落的外貌以深绿色叶层为背景；到 8 月份，白茅进入盛花期，花序呈白色，使得整个群落外貌由白色的花序组成；10 月末，群落开始变枯黄，到冬季呈现灰褐色外貌。

4. 芦苇和荻群落

初春，由于上一年枯立物的存在，群落呈灰色；5 月份，群落开始转绿；生长旺季，芦苇和荻群落的外貌以芦苇、荻的绿色叶层为背景；到 9~10 月份，芦苇和荻的花絮为白色，随风飘荡，直至深秋；冬季，芦苇变为灰褐色，荻为红褐色。

5. 盐地碱蓬群落

盐地碱蓬的季相有 2 种主要表现。在滩涂地带，春季到秋季，基本是红色的景象。如果是大片密集生长，则呈现出"红地毯"的景观。如果有芦苇伴生，红绿相间，再加上鸟类的觅食和休憩，景观也甚为壮丽。在远离海岸的内陆，盐分低的地方，植物生长良好，全株为暗绿色，丛生状，植株高大，分枝多，到 9 月之后整个群落变成红色，构成群落的秋季季相。植株死亡后，第二年种子萌发，又开始了新的季相交替。

6. 獐毛群落

由于獐毛群落植株低矮和花絮颜色不明显，其外貌不太明显。如果有补血草、罗布麻、盐地碱蓬等混入，则有明显的季节变化。

7. 罗布麻群落

罗布麻群落的季相变化也很明显。特别是 7 月份，罗布麻进入盛花期，花序呈粉红色，绿色的叶层上点缀着红色的花序，十分艳丽。

8. 补血草群落

补血草群落的季相与罗布麻群落相似。到 7 月份，补血草进入盛花期后，花序黄白相间,色彩鲜艳,使得整个群落外貌由绿色的叶层和黄白色的花序组成,也很壮丽。

9. 互花米草群落

互花米草群落有两种类型，一种是在滩涂上呈圆团块砖分布，在泥滩或者盐地碱蓬群落中以散点状出现；另一种是在河口、潮间带成片地密集生长。夏季，总体是绿色景观，冬季则变为枯萎的灰褐色。

10. 刺槐群落

刺槐群落的外貌和季相很有特色，在落叶阔叶林中比较典型。4~5 月，林下光照充足，各种堇菜争相开放，形成了春季季相；5 月中旬至 6 月初，由于槐花盛开，从远处看是一片片白色的花絮，近处则能闻到槐花的清香，吸引着游人观花赏景，加上夏季群落郁郁葱葱，遮阴蔽日，也是游人休闲、小憩的好去处；初秋时节，树叶淡黄，也很壮观；晚秋、冬季和早春，叶落枝枯，显示出冬季季相。

二、群落类型的生长季节变化

除了外貌和种类组成上的季节变化，黄河三角洲植被的生长和生物量也具有季节性动态。芦苇种群的生长高度和地上生物量随着生长季的到来而增加，高度的增长在 8 月中旬达到顶峰，而地上生物量的最大值则出现在 9 月中旬（表 9-1、图 9-3），两者的增长节律并不完全同步。芦苇种群高度在生长季的动态除取决于植物个体的生长发育节律外，主要受气温因子的影响，而种群地上净生产量的增长主要受植物自身生长发育节律的调节，同时种内竞争（密度制约效应）也影响着它的增长，也说明了环境的容纳量不是无限的。同样，白茅群落的高度增长和地上生产量的积累也不同步（表 9-2、图 9-4），群落的高度及地上生产量的增长符合逻辑斯谛增长模型（Logistic growth model），并主要受环境中水分和温度因子的影响。如果同时考虑到物种在最适生长期之后的逐渐凋亡，那么生物量的积累应该是一种先上升后下降的单峰曲线。将獐毛群落的生物量测定时间延长到 12 月份，这种单峰曲线式的变化趋势就非常明显（表 9-3、图 9-5）。

表 9-1 芦苇种群高度和地上净生产量生长季观测值
（引自李兴东，1991）

观测日期	生长天数 / 天	地上净生产量 /gm^{-2}	高度 /cm
4 月 25 日	20	280	50
5 月 5 日	30	504	120
5 月 15 日	40	558	140
5 月 25 日	50	800	160
6 月 15 日	70	1 248	180
6 月 25 日	80	1 517	195
7 月 15 日	100	2 008	210
8 月 5 日	120	2 240	220
8 月 15 日	130	2 280	225
8 月 25 日	140	2 297	225
9 月 15 日	160	2 367	227
9 月 25 日	170	2 251	226

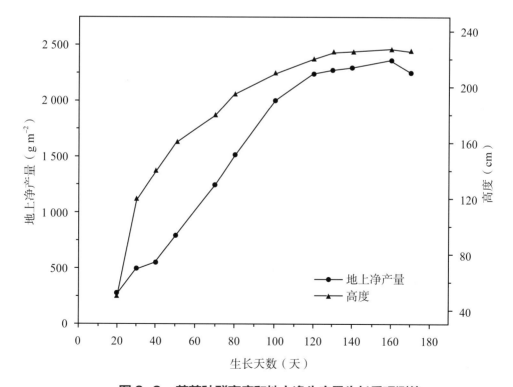

图 9-3 芦苇种群高度和地上净生产量生长季观测值

表 9-2　白茅群落高度和地上净生产量的季节变化
（引自李兴东和周光裕，1990）

观测日期	生长天数 / 天	地上净生产量 /gm^{-2}	高度 /cm
4 月 25 日	10	20	7
5 月 5 日	20	35	15
5 月 15 日	30	60	18
5 月 25 日	40	93.5	25
6 月 15 日	60	151	40
6 月 25 日	70	232	50
7 月 15 日	90	382	55
8 月 5 日	110	460	58
8 月 15 日	120	506	59
8 月 25 日	130	545	
9 月 15 日	150	563	
9 月 25 日	160	554	

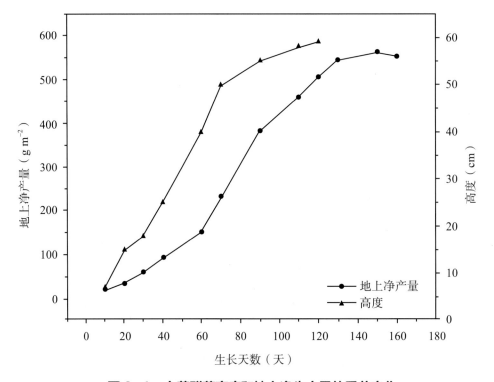

图 9-4　白茅群落高度和地上净生产量的季节变化

表9-3　盐地碱蓬群落地上净生产量的季节变化

（引自鲁开宏，1987）

观测日期	地上净生产量 /gm^{-2}
3月下半月	0
4月上半月	0
4月下半月	3.95
5月上半月	48.44
5月下半月	61.25
6月上半月	130.92
6月下半月	154.95
7月上半月	175.69
7月下半月	182.95
8月上半月	184.27
8月下半月	187.85
9月上半月	213.76
9月下半月	204.49
10月上半月	204.35
10月下半月	152.15
11月上半月	45.04
11月下半月	1.63
12月上半月	0

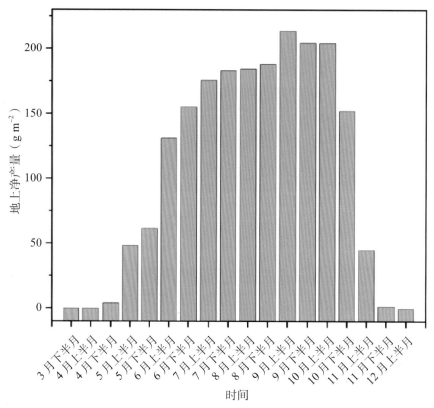

图 9-5 盐地碱蓬群落地上净生产量的季节变化

第十章
黄河三角洲
植被与环境的关系

植被的分布与环境因子有密切的关系。在特定的环境下往往形成特定的植被类型，同样，特定的植被类型往往又能反映出当地环境条件的特点。

环境条件包含各种各样的要素，如气候、地质、地貌、水文、土壤等。在特定的区域内，往往某几个因子成为形成植被类型分布的主要因素。黄河三角洲光热资源充足，而降水略低，但仍然在森林气候范围内。因黄河水、风暴潮、海水倒灌等造成的土壤水分、盐分、营养等因素的差异，是导致黄河三角洲的植物区系组成和植被类型差异的主要因素。

黄河三角洲的自然植被以各种盐生草甸为主，主要原因是土壤水分和盐分条件的影响，由于土壤含盐量过高，限制了森林植被的大面积分布。人类活动对三角洲的植被影响极大，造成自然植被退化和土壤盐渍化。同时，植被保护修复对植被的形成和维持起到了促进作用。此外，黄河对植被的发育和演替也有重要的作用，是植被变化的另一个驱动因子。

第一节 土壤水盐动态和植被

土壤是植物生长的基质，也是物质和能量交换的主要场所，因此，土壤条件对于植被的形成和自然分布十分重要，它往往成为非地带性植被类型的主导因素。

黄河三角洲的成土母质为黄河冲积物，经过长期的物理、化学、生物和人为作用，形成了以潮土、盐土为主的土壤类型。由于黄河三角洲的地下水位高，潜水矿化度高，土壤的明显特征是含盐量过高，一般为 0.6%~3.0%，甚至更高。土壤盐分以氯化物为主（占 70%~90%），其次为硫酸盐（10%~20%）及少量的重碳酸盐（3%~10%）。

　　黄河三角洲的气候条件并不能决定该地区植被地带的分布，起决定作用的是土壤条件。在自然状态下，黄河三角洲无法形成森林植被，这主要是土壤盐渍化的缘故。而盐生草甸能在这一地区广泛分布也正是因为它适应了这种土壤条件。但土壤含盐量不同，植被类型也不一样。在近海或是重盐碱化的地带，土壤含盐量可达 1.5%~2.0% 甚至更高（3.0%），一般的植物难以生存，形成俗称的"光板地"；在土壤含盐量为 1.0%~1.5% 时，只有耐盐强的植物能够出现，形成典型的盐生草甸或灌丛，如盐地碱蓬群落和柽柳群落；在中度盐渍化的土壤上（含盐量 0.6%~1.0%）则分布着以盐中生类植物为建群种的植被类型，如獐毛群落等；在轻度盐渍化的地段（土壤含盐量 0.6% 左右）则出现典型的草甸类型，如白茅、荻群落等。除土壤盐分外，土壤水分也影响着植被的分布，在土壤水分过饱和的情况下，分布着以芦苇、香蒲等为建群种的沼泽植被类型；而在土壤水分适中的地段，野大豆（*Glycine soja*）可以成片出现，甚至在局部形成群落。

　　现以 2010 年 6 月份对黄河三角洲植被类型的 84 个样方调查数据和土壤理化数据为例，说明土壤和植被的关系。对植被类型记录群落学指标，并按照五点取样法取土样，带回实验室测定含水率（MC）、电导率（EC）、pH、有机碳（TC）、全氮（TN）、全磷（TP）、速效氮（AN）、速效磷（AP）、速效钾（AK）等指标。使用 Canoco for Windows 4.5 对 90 个样方数据和 9 个环境因子进行 CCA 排序分析；采用 SPSS 13.0 进行统计分析，分析黄河三角洲植物多样性和土壤理化性质的相关关系。分析结果如下（表 10-1）。

表 10-1　CCA 前 3 排序轴的特征值及对物种－环境关系解释的累计百分比

项目	排序轴			
	1	2	3	典范特征值之和
特征值	0.588	0.471	0.311	2.350
对物种－环境关系的方差解释的累计百分比 /%	23.7	43.8	57.0	

利用典范对应分析（CCA）法分析了黄河三角洲植物群落与环境因子之间的对应关系。在环境因子特征变量构成的空间上，对环境因子和植物群落等排序作图，实现了植物群落与环境因子的对应排序。图 10-1 的结果显示，速效钾、pH、速效磷和含水率与第一轴的相关性较高，全氮、全碳和电导率同第二轴的相关性较高，电导率、含水率、全氮、全碳、全磷等因子与群落分布的相关性较高。综合分析，第一轴基本反映了含水率的变化，沿第一轴从左往右，含水率逐渐降低；第二轴基本反映了电导率即含盐量的变化，沿第二轴从上往下，含盐量逐渐升高。图中显示了全磷对植物群落分布的影响也很大，但考虑到它所指示的群落是以地肤为优势种的群落，地肤属于偶见种，所以这可能是 CCA 排序过程中夸大了偶见种的作用导致的。A1 区域代表的是和水分、盐分等环境因子有较高相关性的群落类型，主要有盐地碱蓬群落、碱蓬群落、芦苇群落等由耐盐植物组成的群落；A2 区域代表的是地肤群落，图示其与全磷有较高的相关性，推测取样地点可能在农田附近，受到了施肥的影响；A3 区域的群落主要是一些分布在水分、盐分都不是很高的区域，群落分布受到土壤碳、氮等营养的影响较大；A4 区域的群落主要是一些分布在水分较多但盐分相对较少的区域，土壤水分是影响群落分布的较为重要的因子。

综合来看，水分和盐分是影响黄河三角洲植被类型分布的主导因素，群落类型大多根据水盐情况呈现梯度排列，土壤氮、磷、钾等也对植被分布产生了重要影响。

对植物多样性和土壤环境因子进行相关性分析（表 10-2），结果表明，有机碳、速效磷、速效钾、电导率、含水率与植物多样性指数呈负相关，其中速效磷与植物多样性指数显著相关（$P < 0.05$），速效钾和电导率与植物多样性指数极显著相关（$P < 0.01$）；全氮、全磷、速效氮和 pH 与植物多样性指数呈正相关。

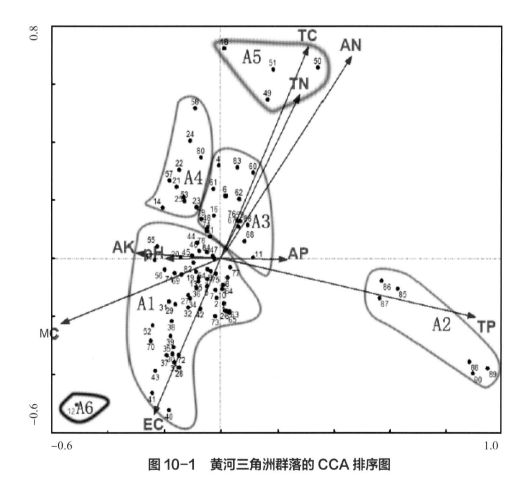

图 10-1　黄河三角洲群落的 CCA 排序图

表10-2　植物多样性与土壤理化因子的相关关系

	SWI	SI	TC	TN	TP	速效氮	速效磷	速效钾	电导率	pH	含水率
SWI	1										
SI	0.980*	1									
TC	-0.055	-0.040	1								
TN	0.062	0.082	0.840**	1							
TP	0.011	0.011	0.315**	0.341**	1						
速效氮	0.002	0.007	0.899**	0.776**	0.420**	1					
速效磷	-0.226*	-0.212*	0.375**	0.400**	0.441**	0.352**	1				
速效钾	-0.381**	-0.350**	0.181	0.201	-0.194	0.112	0.240*	1			
电导率	-0.492**	-0.481**	-0.420**	-0.470**	-0.157	-0.387**	0.028	0.500**	1		
pH	0.187	0.186	-0.249*	-0.208*	-0.191	-0.248*	-0.227*	-0.049	-0.121	1	
含水率	-0.177	-0.176	-0.066	-0.199	-0.297**	-0.169	-0.015	-0.002	0.196	-0.186	1

*：显著；**：极显著。

总体说，黄河三角洲的植被和植物多样性较低，但却非常有特色，这主要是因为高盐环境限制了植物分布，一些耐盐碱植物如碱蓬、芦苇等往往形成单优群落或者群落结构很简单，这也说明了土壤作为主导因素对黄河三角洲植被的影响。

第二节　地形和植被

地形本身并不能决定植被的分布，但由于地形的变化引起了温度、水分、盐分、养分等的变化，间接影响着植被的变化。在黄河三角洲地区，主要是微地貌的变化导致了水分和盐分的变化，从而使得植被分布也随之发生改变。

最典型的变化是在一些地段可以看到盐地碱蓬和芦苇群落明显交替的变化，或者是条带状变化，或者是圆块状变化，这也是黄河三角洲一类常见的景观（图10-2）。

（a）

（b）

（c）

（d）

图10-2　地形与植被

第三节　人类活动与黄河三角洲植被

人类活动对植被的影响表现在两方面，一是正面的促进作用，二是负面的不利影响。人类对植被的改造、保护和恢复重建，是正面和有利的；不利的影响则表现为对植被不合理的利用所造成的破坏，而这种破坏带来的后果往往是很难恢复的。

一、垦荒对植被的影响

开垦荒地，种植粮食作物和经济作物，在经济不发达和农业为主的时代是必要的。但垦荒既破坏自然植被又易导致土壤的次生盐渍化，结果是开垦的农田数年后不得不丢弃。由于不合理的开垦，黄河三角洲原有的植被景观发生了很大变化，如 50 年代孤岛一带多见的天然旱柳林消失殆尽，典型草甸中的白茅群落也只是在局部分布，而大面积的次生盐碱地和寸草不生的裸地（光板地）却到处可见。同时，许多稀有的植物数量也逐渐减少，如野大豆、白刺（*Nitraria sibirica*）、紫花补血草（*Limonium frachetii*）等。

二、放牧对植被的影响

黄河三角洲大面积分布的天然草地对于发展当地的畜牧业是得天独厚的有利条件，但由于过度放牧，一些地方出现了草地退化和盐渍化的突出问题。獐毛群落在20世纪八九十年代以前曾经大片分布，在垦利、沾化一带还是很好的放牧场，目前这一类型大面积分布已经不多见。

三、石油工业对植被的影响

黄河三角洲是我国重要的石油化工基地，在我国的国民经济中占有特殊地位，在能源安全方面有重要意义。但在石油开采、运输、加工等过程中不可避免地要影响和破坏一些自然植被。道路修建、油井设施等建设也要占用和毁坏自然植被。"电线杆子比树多"一方面说明了油田开发所形成的大大小小的线杆，也表明这里的条件不适宜树木的生长。如何更多地减少对自然植被的破坏以及如何尽快采取措施恢复和重建植被，是值得重视的重大生态和环境问题。

四、旅游对植被的影响

随着黄河三角洲知名度的提高和生态条件的不断改善，黄河三角洲和黄河口旅游越来越火热。自然保护区的功能之一是科普、教育和旅游，合理和适度地开发旅游资源也是一种生态产品的利用和价值实现。需要注意的是游人过多或者素质不高时带来的对植被的破坏和对正常演替的影响。

五、外来有害植物的影响

据初步统计，黄河三角洲地区各类外来植物有 100 多种，其中和自然植被相关的入侵植物有 20 多种，有的在小范围内生长，有的已经产生了不利影响，如互花米草（*Spartina alterniflora*）是 20 世纪八九十年代因护岸淤滩目的而引进的外来植物。由于其生长繁殖能力特别强，在黄河三角洲浅海区域有大面积分布，目前已经成为有害的外来入侵物种。互花米草不仅影响了原有植被的发育和演替，特别是对盐地碱蓬群落和芦苇群落的不利影响，也影响到了底栖动物甚至鸟类的分布。如何科学有效地治理，减少互花米草的不利影响，也是当前面临的重大生态和环境问题。

第四节 黄河对三角洲植被的影响

黄河是三角洲的塑造者，它的状况和动态如洪水泛滥、泥沙淤积、改道等无疑会对三角洲的植被产生极大的影响。因此，在对黄河三角洲植被的研究中，黄河的影响是一个特殊且不可忽视的生态因子。黄河对植被的影响主要是在植被的发生和动态方面。芦苇、柽柳、旱柳等种类多是由黄河泥沙携带种子或者繁殖体到下游，随着泥土淤积而繁衍生长和形成群落的。

在黄河口附近，由于黄河携带泥沙（以往每年12~16亿t，现在每年3~5亿t）的淤积，20世纪60~90年代，每年最大可形成1 000~2 000 hm^{2}的新土地（最近二十几年已大大减少），即生态学上的原生裸地。在新淤地上，当年就有芦苇出现，开始是小块生长，3~5年后即可连成片。随着河口的延伸，芦苇也向前推进，而原来的芦苇群落最终为白茅群落所取代。如果生态条件不发生大的变化，白茅群落将较长期地存在，成为亚顶极群落。黄河口河道两岸，由于土壤尚未盐渍化，有带状分布的旱柳林及相伴的芦苇和荻群落出现。

黄河泛滥也会对植被产生影响。黄河泛滥时，可以使獐毛、白茅等群落类型遭到破坏，但可促进芦苇群落的扩展。同时，洪水过后，土壤盐分降低，又反过来促进了白茅等群落的发育。

另一方面，由于黄河水的经过，黄河大堤两边的区域地下水位抬高，容易引起土壤的次生盐渍化，从而使盐生植被形成。

如前所述，尽管黄河三角洲地处暖温带地区，但由于土壤盐分、水分等的影响，地带性的落叶阔叶林几乎没有天然分布，大面积分布的是各类盐生或者盐中生的植被类型，即非地带的隐域植被占优势。这也充分说明了有什么样的生态条件就有什么样的植被；而不同的植被也反映了不同的综合生态条件组合。在黄河三角洲，对植被起主导作用的是土壤、人类活动、黄河的影响等条件。

第十一章
黄河三角洲
植被多样性

第一节　生物多样性

生物多样性（biodiversity or biological diversity）是一个内涵十分广泛的概念，是生命的基本特征之一。

简单地说，生物多样性是指生物的复杂性和变异性的总和，它包括数以百万、千万计的植物、动物、微生物和它们所拥有的无限的基因，它们的生存环境以及各种复杂的生态系统。《生物多样性公约》给的定义是，"生物多样性是生物及其环境形成的生态复合体以及与此相关的各种生态过程的总和"。

生命系统是一个等级系统，包括多个层次或水平（level）：基因、细胞、组织、器官、物种、种群、群落、生态系统、景观等。每一个层次都具有丰富的变化，即多样性。所以生物多样性也包含许多层次，从分子到景观都有多样性。但在理论与实践上最基本、最重要、研究较多的是遗传（基因）多样性、物种多样性和生态系统多样性3个基本层次。

生物多样性是生物最根本的特征，是地球演化的产物，生物的其他特征源于多样性。生物多样性是人类最宝贵的财富，是人类赖以生存和发展的资源和环境基础，与水、空气同等重要。生物多样性每年所创造和提供的价值难以估算，仅生态系统多样性平均达数十万亿美元。多样性的丧失也会使人类利益受到威胁，保护多样性就是保护人类自己。

然而，由于历史、文化、科技等方面的原因，人类对生物多样性的了解还很不够，特别是对基因层次的多样性了解更少。另一方面，由于人为活动的加剧和过度利用，生物多样性受到了有史以来最为严重的威胁。中国是世界上生物多样性最丰富的国家之一，也是利用生物多样性最早和最多样化的国家；同时，中国又是生物多样性受威胁最严重的国家之一。2021年10月12日下午，国家主席习近平以视频方式出席了《生物多样性公约》第十五次缔约方大会领导人峰会并发表主旨讲话，他指出："生物多样性使地球充满生机，也是人类生存和发展的基础。保护生物多样性有助于维护地球家园，促进人类可持续发展。"中国在履行生物多样性公约方面也将发挥大国的应有责任，做好引领、示范和榜样。

保护生物多样性，是全人类公共的责任和义务。黄河三角洲地区有着以植被为基础的丰富的多样性，也必须保护好。习近平总书记在黄河流域生态保护和高质量发展座谈会上发表的重要讲话中也特别强调，下游的黄河三角洲要做好保护工作，提高生物多样性，为我们指明了方向和任务。

第二节 黄河三角洲湿地植被多样性

植被作为生态系统的生产者和生物多样性的宝库，其重要性不言而喻。黄河三角洲湿地植被也具有明显的多样性。

一、植物种类多样性及遗传多样性

黄河三角洲由于具有新生、原始、快速增长、脆弱等特点，特别是自然保护区内人为干扰相对较少，基本保持了原始的生态和景观，自然植被类型反映了这一区域以水盐为主导的非地带性植被特点，植物区系也以草本、盐生等温带性质的类型占优势。据初步统计，黄河三角洲自然和半自然分布的维管植物有380~400种，其中温带性质的植物占比大；同时，在黄河三角洲植物区系中，仅有 1 个种的属和 2~3 个种的属居多，也表明了该地区的物种多样性。其中，野大豆等种类属于国家级保护植物。野大豆、芦苇、盐地碱蓬、柽柳等都含有丰富的遗传多样性，值得研究和保护（图 11-1）。

（a）野大豆　　　　　　　　　　　　　　　　　（b）柽柳

（c）盐地碱蓬

（d）补血草

图 11-1　植物物种多样性

二、植被类型多样性

　　黄河三角洲的植被类型有森林植被、灌丛植被、草甸植被、沼泽植被、水生植被等多个大的类型，也有天然旱柳林、盐生柽柳灌丛、白茅草甸、荻草甸、芦苇草甸、盐地碱蓬盐生草甸、獐毛草甸、补血草草甸、罗布麻草甸和香蒲沼泽、眼子菜群落、莲群落等数十个小的类型，表明了该区域的植被多样性。其中，盐生草甸和灌丛是黄河三角洲代表性的植被类型。天然旱柳林、盐生柽柳灌丛、白茅草甸、芦苇草甸、盐地碱蓬盐生草甸、獐毛草甸是最为典型的群落（图 11-2）。

（a）

（b）

（c）

（d）

图 11-2 植被多样性

三、植被景观多样性

由植被形成的景观也是黄河三角洲的一大特色。沿黄河新入海河道两边的旱柳林，滩涂和盐碱地上的大面积柽柳灌丛，芦花和荻花形成的芦花飘荡和荻海飘絮，5月份的槐花飘香，滩涂上由盐地碱蓬形成的"红地毯"，到处可见的芦苇沼泽，等等，都是黄河三角洲独具特色的植被景观（图11-3）。

（a）

（b）

（c）

（d）

图 11-3　植被景观多样性

第三节 植被在国家公园建设中的地位和意义

习近平总书记指出，"下游的黄河三角洲要做好保护工作，促进河流生态系统健康，提高生物多样性"。而实现保护和提高生物多样性的最佳途径是建立国家公园。黄河三角洲及其相连的入海口湿地生态系统，陆海交融，具有独特而丰富的生态环境和相关联的生物多样性，是全球重要的鸟类迁徙通道和栖息地，建设"黄河口国家公园"是山东省落实习近平总书记指示，在黄河流域生态保护和高质量发展中发挥引领作用、走在前面的历史机遇。山东省目前正在推进黄河口国家公园的建设，有关规划已经被国家林草局批准。

一、植被与生物多样性保护

植被在生物多样性保护方面具有举足轻重的意义。

（1）植被是国家公园的主要保护对象。

（2）植被是其他所有生物多样性的基础和载体。

（3）植被是湿地鸟类栖息、觅食、迁徙和繁殖的主要场所。

（4）植被是第一性生产力和最重要的生态产品。

例如，植被与鸟类多样性及其保护密切相关。鸟类栖息、觅食、繁殖、迁徙等离不开植被，芦苇群落、盐地碱蓬群落等是鸟类特别是丹顶鹤、黑嘴鸥等鸟类栖息、觅食的场所。在迁徙季节，这两个群落中可以看到多种多样的鸟类（图11-4）。然而，互花米草的入侵挤占了芦苇群落、盐地碱蓬群落的分布空间，造成了物种多样性、植被多样性、生态系统和景观多样性、生态系统功能的降低，丹顶鹤等喜食的天津厚蟹（*Helice tientsinensis*）等大大减少，这就影响了丹顶鹤等的栖息和觅食。

（a）

（b）

图 11-4　植被与鸟类

二、植被与黄河流域生态保护

植被在黄河流域生态保护中也具有重要的地位和意义。

第一，植被是生态保护成效的标志和体现。

（1）植被是第一性生产力，是其他生物多样性的基础。作为生态系统的生产者，植被也是生态系统健康与否的主要标志，是生态产品的具体体现；植被也是地表最明显的景观；生态保护是否有成效首先表现在植被上。

（2）植被的多样性和繁茂程度也是良好生态最明显的象征。最近二十多年来，黄河三角洲国家保护区实施了生态恢复工程，无论是植被类型还是植被覆盖面积和比例都有明显增加，标着生态环境的持续改善。

（3）植被退化是生态遭到破坏和变坏的标志。

第二，植被是生态廊道建设的基础。

黄河下游生态廊道的建设，实际上就是植被的建设。《黄河流域生态保护和高质量发展规划纲要》指出，要建设黄河下游绿色生态走廊，要以稳定下游河势、规范黄河流路、保证滩区行洪能力为前提，统筹河道水域、岸线和滩区生态建设，保护河道自然岸线，完善河道两岸湿地生态系统，建设集防洪护岸、水源涵养、生物栖息等功能为一体的黄河下游绿色生态走廊。很明显，防洪护岸、水源涵养、生物栖息等功能也就是植被的功能，而这一廊道的具体体现就是林地、灌丛、草地、沼泽、水生植被的集合。黄河口国家公园实际上是黄河下游绿色生态廊道的终点，更是重点，也是示范。

第三，植被对水土流失防治和污染治理至关重要。

水土流失、河水污染是黄河流域突出的生态问题。而植被在水土流失防治和污染治理方面具有不可替代的作用。

三、植被在国家公园建设中的地位和意义

植被在国家公园建设中具有举足轻重的意义。

建设国家公园，首先要以湿地植被为基础，没有繁茂、健康、覆盖率高的植被，黄河三角洲或黄河口国家公园将缺少载体和支撑。大面积的湿地植被既是国家公园的特色，也是良好生态的标志。

保护植被、恢复植被应当与保护鸟类同等重要，甚至优于鸟类保护。因为缺少植被或者茂密多样的植被，鸟类的栖息、觅食、繁殖、迁徙、越冬就难以实现。

开展植被保护、进行植被基础调查、开展长期植被及相关生态系统定位观测研究，是国家公园建设的科学基础。

黄河三角洲拥有繁多的植被类型和植物资源，但也面临着开发和自然条件变化带来的双重压力，植被破坏和退化的严峻问题不容忽视，加强植被基础研究和保护与恢复，将是国家公园建设的重要任务。

自然植被得到有效保护，受损植被得到有效恢复，初级生产力提高，将是国家公园建设效果的最明显指标。

第十二章
黄河三角洲植被的保护、利用和恢复

第一节 黄河三角洲植被的保护

自然保护区建设与植被保护

山东黄河三角洲国家级自然保护区在生物多样性保护方面发挥了主导和引导作用，取得了明显成效。

保护区位于黄河入海口两侧新淤地带（图12-1）。1990年12月，东营市人民政府批准设立市级自然保护区；1992年，经国务院批准为国家自然保护区。总面积为15.3万hm^2，整个自然保护区全部处于现代黄河三角洲区域内，保护区面积占现代黄河三角洲面积的62.34%。其中，核心区面积7.9万hm^2，缓冲面积1.1万hm^2，实验区面积6.3hm^2。该保护区地理位置优越，生态类型独特，拥有中国暖温带最完整、最广阔、最年轻的湿地生态系统，是东北亚内陆和环西太平洋鸟类迁徙的重要"中转站、越冬栖息和繁殖地"，是全国最大的河口三角洲自然保护区，是《拉姆萨尔国际湿地公约》缔约国要求注册的国际重要湿地，是世界范围内河口湿地生态系统中极具代表性的范例之一。

自然保护区根据管理区域设立了一千二、黄河口、大汶流3个管理站。3个管理站的保护对象略有不同，但所管辖范围内的生态和生物多样性都得到了有效的保护。

保护区通过加强保护管理体系、基础设施、依法管区、科研、宣传培训、自然资源保护等方面的建设，不断提高了保护区的管理水平，使保护区内的生物多样性得到了有效的保护。未来黄河口国家公园的建设将会大大提高自然保护区的地位，提高生物多样性保护的水平和效果。

图12-1 山东黄河三角洲国家级自然保护区图

1. 珍稀濒危植物得到有力保护

据《国家重点野生保护植物名录（第一批）》、*The IUCN Red List of Threatened Species*（2018）、《中国生物多样性红色名录——高等植物卷（2013）》《山东珍稀濒危保护植物（2001）》《山东珍稀濒危树种种质资源名录（2015）》，在黄河三角洲范围内有各类保护植物和珍稀植物5种（表12-1），包括野大豆、草麻黄、浮叶眼子菜、大叶藻和单叶蔓荆。

表 12-1　黄河三角洲珍稀濒危保护植物名录

序号	物种名	国家保护等级	IUCN濒危物种红色名录	山东珍稀濒危植物和树种种质资源	说明
1	野大豆	Ⅱ		山东稀有	蝶形花科大豆属，一年生缠绕草本，常与芦苇、荻等喜湿植物混生；重要的种质资源，是大豆育种的种质；见于黄河三角洲各地，尤以大汶流站和黄河口站多见
2	草麻黄	Ⅱ	NT	山东稀有	麻黄科麻黄属，草本状灌木，高20~40 cm。以往贝壳丘和地上均有分布，现在少见
3	浮叶眼子菜		NT		眼子菜科眼子菜属，多年生水生草本，浮叶沉水植物，在黄河三角洲的水库、沟塘、沟渠和常年积水处等静水中有少量分布
4	大叶藻		VU		眼子菜科大叶藻属，多年生草本，在黄河三角洲的浅海有少量分布，根茎可为大天鹅啃食
5	单叶蔓荆			山东稀有	马鞭草科牡荆属，落叶灌木，茎匍匐，节处常生不定根，是很好的固沙植物，分布于滨州、东营贝壳砂地，已不常见

注：NT为"近危"，VU为"易危"。

现将最重要的野大豆描述如下（图12-2）。

分类特征： 野大豆（*Glycine soja*），豆科（Fabaceae）大豆属（*Glycine*），一年生缠绕草本，长1~4 m。茎、小枝纤细，全体疏被褐色长硬毛。叶具3小叶，长可达14 cm；托叶呈卵状披针形，急尖，被黄色柔毛。顶生小叶呈卵圆形或卵状披针形，先端锐尖至钝圆，基部近圆形，全缘，两面均被绢状的糙伏毛，侧生小叶呈斜卵状披针形。总状花序通常短，稀长可达13 cm；花小；花梗密生黄色长硬毛；苞片呈披针形；花萼呈钟状，密生长毛，裂片5，呈三角状披针形，先端锐尖；花冠呈淡红紫色或白色；花柱短而向一侧弯曲。荚果呈长圆形，稍弯，两侧稍扁，密被长硬毛，种子间稍缢缩，干时易裂；种子2~3颗，椭圆形，稍扁，呈褐色至黑色。

生态习性： 野大豆属于温带植物区系物种，对环境要求不严格，在一般土壤（pH 4~9.2，中度和轻度盐碱土）上都能生长。植株生长状况与所处生境关系密切。在阳光足、雨水多、地质肥的地方生长茂密，株体高，叶片大；在干旱瘠薄盐碱土和冷凉气候下植株矮小、叶片小；林下蔽荫处由于光线不足，植株细弱，节间拉长，叶薄、色淡、结实率低。野大豆通常匍匐于地面或缠绕芦苇、荻等植物，偶尔形成以野大豆为优势种的单一群落，但面积都不大，常与芦苇、荻等喜湿植物混生，其长度多在1.5 m左右。野大豆为喜光性植物，也喜湿耐湿，在多湿的环境中生长良好。还具有耐旱、耐盐碱、耐瘠薄、抗病、抗寒的高抗逆性。

受危等级： 国家Ⅱ级重点保护物种。

资源状况： 黄河三角洲是野大豆集中的产地之一，广泛分布在黄河故道和黄河两侧，特别以大汶流管理站和黄河口管理站分布广泛（图12-3），生长良好。据初步调查，分布在拟设立的黄河口国家公园的野大豆面积在4 300 hm^{2}以上。

经济价值： 种子可食，种子油亦可食或供药用。全草及油饼可做肥料及饲料。野大豆是栽培种大豆的近缘祖先，是大豆杂交育种的主要种质。此外，野大豆生物量大，营养价值高，是目前天然草场的重要饲用植物。

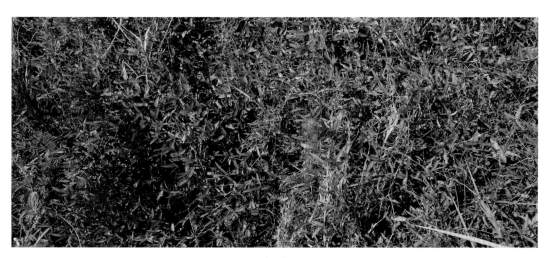

（a）

（b）

（c）

图 12-2　野大豆

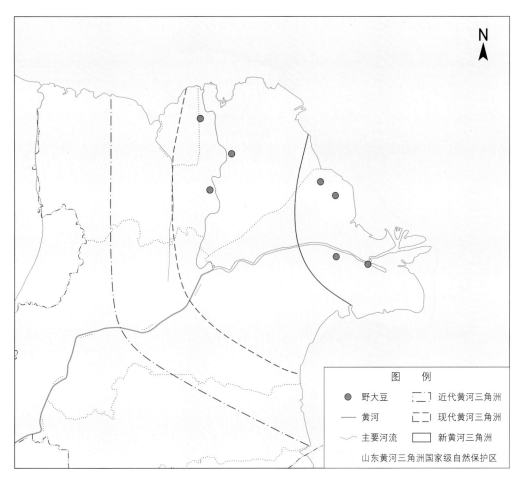

图 12-3　黄河三角洲野大豆分布图

保护情况： 国家保护区已经将野大豆列为重点保护植物，也建立了省级野大豆种质资源保护地，经过多年保护已取得明显效果，野大豆种群得到了很好的发展。未来，随着国家公园的建设，野大豆的保护和利用将进入新的阶段。

2. 植被保护取得明显成效

黄河三角洲地区的自然植被主要为灌丛、草甸、沼泽植被、水生植被等植被型，以旱柳（*Salix matsudana*）、柽柳（*Tamarix chinensis*）、白茅（*Imperata cylindrica*）、芦苇（*Phragmites australis*）、荻（*Miscanthus sacchariflorus*）、盐

地碱蓬（*Suaeda salsa*）和獐毛（*Aeluropus sinensis*）为建群种形成的 7 个类型的湿地植被具有代表性和典型性。

根据 2000~2015 年的数据，在黄河三角洲自然保护区内，天然苇荡超过 3 万 hm²，天然草场超过 1.8 万 hm²，天然实生旱柳林约 700 hm²，天然柽柳灌木林超过 8 000 hm²；在孤岛附近有大面积的人工刺槐林约 6 000 hm²，号称"万亩刺槐林"。这些代表性的植被类型都得到了很有效的保护，植被类型的数量、分布范围、覆盖度等都有明显的提升。

3. 植被恢复成效显著

通过实施湿地恢复工程，不断优化了湿地生态和植被质量。为了恢复萎缩和被破坏的湿地植物群落，扩大和恢复湿地资源，提高湿地质量，改善湿地生态功能，从 2002 年开始实施湿地恢复工程。一期工程位于现行黄河入海口两侧，从 2002 年 10 月开始实施，至 2004 年 7 月结束，完成湿地恢复总面积 4 800 hm²，一期工程取得了显著成效，得到了国内外专家、学者的高度评价。此后又投资建设了湿地恢复二期工程，总面积 6 700 hm²，目前也已完成，并开始后期工程。湿地恢复工程的实施，使自然保护区内淡水湿地面积明显增大，芦苇群落明显增加，湿地功能得到较好的恢复，湿地恢复区内植被生长旺盛，鸟类的种类和数量明显增多，已成为丹顶鹤、东方白鹳、白鹤、黑嘴鸥、白枕鹤、黑鹳、大天鹅、疣鼻天鹅、黑脸琵鹭等珍稀、濒危鸟类的重要栖息地。其中，白鹤、黑鹳、疣鼻天鹅、黑脸琵鹭等 15 种鸟类是自然保护区近十多年来新增加的鸟类。东方白鹳在湿地恢复区筑巢繁殖，使黄河三角洲成为我国东方白鹳新的繁殖地，近十年黄河三角洲丹顶鹤的数量从十几只到上百只，有可能成为新的越冬地和繁殖地。在一千二保护站，由于防潮坝的建设，盐地碱蓬群落和芦苇群落明显增加，也吸引了黑嘴鸥等鸟类。

第二节 黄河三角洲的资源植物及利用

一、黄河三角洲资源植物的类型

资源植物是一切有用的植物的总和。随着社会的发展和科学技术的提高，越来越多的植物可以被人们所利用，几乎所有的植物都是资源植物。俗语讲"草药、草药，是草就是药"，也可以说明植物资源的多样性。

每种植物有不同的形态结构和不同的化学成分，这些成分可以为人类提供各种产品，比如糖、淀粉、纤维、油脂、蛋白质、维生素等。一种植物是否是资源植物，是由它所含的化学物质和其形态结构所决定的。资源植物根据其用途和性质上的不同，可以分为4~6个大类：①食用资源植物，包括淀粉糖料资源植物，蛋白质资源植物，可食油脂资源植物，维生素资源植物，饮料、色素、甜味剂资源植物，蜜源资源植物等；②药用资源植物，包括中草药资源植物、化学药品原料资源植物、兽用药资源植物、植物性农药资源植物等；③工业用植物资源，包括木材资源植物、纤维资源植物、鞣料资源植物、芳香油资源植物、工业用油脂资源植物、经济昆虫的寄主植物等；④防护、改造环境资源植物，包括防风固沙、水土保持、改良环境及固氮增肥的资源植物，绿化美化环境和观赏资源植物，污染防护和治理植物；⑤指示植物类，包括指示土壤酸碱度、指示矿物、指示污染类型和程度等植物；⑥其他资源，如种质资源、燃料、固碳植物类等。

二、黄河三角洲资源植物概况

1. 药用植物资源

药用植物是最普通和常见的利用方式。根据我们调查的资料统计，黄河三角洲的药用植物约有 300 种，其中栽培种类近 100 种，野生种类 200 多种。在野生种类中较常见且较重要者约占 1/3。

常见的木本药用植物有柽柳、白刺、枸杞、单叶蔓荆、酸枣等。其中白刺、枸杞、单叶蔓荆有较大的开发利用前景。

常见的草本药用植物中数量较大的约 100 种,较重要的有: 草麻黄、甘草、茵陈蒿、罗布麻、补血草、二色补血草、白茅、米口袋、野大豆、节节草、车前、小蓟、蒲公英、苍耳等。其中具有较大开发前景的种类是: 草麻黄、甘草、茵陈蒿、罗布麻、白茅、车前等。

2. 食用植物资源

食用植物也是常见、常用的类别,包括野生蔬菜、野生水果、饮料、调味品等。其中, 野生蔬菜最主要的特点是无污染、营养丰富。包括: 直接食用类,其中盐地碱蓬、碱蓬、藜、猪毛菜、中华苦荬菜、蒲公英、荠 (*Capsella bursa-pastoris*) 等在黄河三角洲广泛分布, 是当地百姓喜食的野菜; 淀粉植物类, 如榆、莲藕等。

3. 油脂植物资源

油脂植物既是人们日常生活的必需品,也是重要的工业原料。除食用外,还广泛用于医药、食品、造纸、化工、橡胶、塑料方面。如有的植物油脂可以用作各种润滑剂,有的则含有大量的不饱和脂肪酸,是理想的保健用油。

黄河三角洲油脂植物开发潜力较大的主要为盐地碱蓬,其植株和种子含油率较高, 根据我们早期的化验分析, 盐地碱蓬籽实毛样含油 15%~22%, 净干样含油 20%~28%。其油可供食用、制肥皂或做油漆原料。据初步调查统计, 在盐地碱蓬分布集中区, 每亩 (1 亩 $\approx$ 0.067 hm^2) 可产籽实 100~200 kg, 开发利用前景极为广阔。

4. 纤维植物资源

纤维植物是另一类重要的资源植物,是造纸、纺织、编织等的主要原料。黄河三角洲纤维植物种类以禾本科为主，特别是禾本科的芦苇产量很高，是造纸的原料，但目前因污染治理成本高而弃用；在编织等方面有一定的利用价值，如何开发利用大量的芦苇资源也是未来需要研究的课题。罗布麻既是较好的药用植物，也是著名的纤维植物，其纤维质量很高，可纺织高级衣料、制造高级纸张和高级化学纤维。主要分布于滨海荒地和河滩砂质土上，耐轻度盐碱。可以在低度盐碱地区大面积引种栽培，是很有发展前途的野生经济植物。另外还有拂子茅、荻等较好的种类。

5. 野生花卉植物资源

野生花卉往往具有较强的抗逆性和适应能力，又具有很高的观赏价值。因此，近年来人们十分重视对野生花卉资源的开发。黄河三角洲野生花卉资源较为丰富，据初步统计，观赏价值较高的就有数十种，其中补血草具有较大的利用价值，它的膜质花萼可长期保持天然的独特颜色，装饰和观赏价值较大，可作为插花类花卉。

6. 蜜源植物资源

蜂蜜中含有大量人体所必需的营养物质。蜂蜜、蜂蜡、蜂乳等无论是在食品、医药、电讯、纺织，还是在国防等方面，都是重要原料。蜜源是养蜂业不可缺少的基础，蜜蜂依赖蜜源生存和发展，而蜜源植物则是提供蜜源的物质基础。

黄河三角洲蜜源植物种类比较丰富，为养蜂业提供了优良的资源，来自安徽、浙江、河南、江苏和本省的蜂农逐年增加。最重要的是枣树和刺槐，其他有水蓼、刺儿菜、益母草、打碗花、地黄、紫花地丁等，但面积都很小。

7. 牧草、饲料类植物资源

直接或经过加工调制后能用来喂养家畜、家禽、鱼类以及其他经济动物，又称饲用植物，常见种类有紫苜蓿、蒙古鸦葱、中华苦荬菜、曲曲菜、虎尾草、狗牙根、马唐、大画眉草、狗尾草、金色狗尾草、牛筋草、双稃草、荩草、看麦娘、画眉草、碱茅、草木樨、拂子茅、白茅、野黍、乱子草、雀稗、牛鞭草等数十种。

8. 其他植物资源

从固碳和双碳目标的实现方面看，也可以考虑未来在碳固定、碳减排等方面探索新的植物资源，如刺槐、柽柳、芦苇、荻等植物都有一定的热值，可以考虑生物能发电等。

三、前景

黄河三角洲地区具有比较丰富、有特色的资源植物，只要合理利用，有较大的开发潜力。习近平总书记在黄河三角洲考察时指出：要高效利用盐碱地，选用适宜的植物种类栽培。这就给科学工作者和管理人员提出了新的要求，选育适于盐碱地生长的经济植物是改良利用盐碱地的最佳途径。而黄河三角洲的最大特点是多盐生植物，具有很大的开发利用前景。

今后，一方面需继续加强调查，进行定量和定性研究，以确定开发的种类和方向，为开发利用提供科学依据和理论基础；另一方面，需在深加工、综合利用等方面开展应用研究，使资源植物在深加工中增值，这样既能充分利用植物资源，又提高了效益。在生态产品价值实现方面，未来也有研究、开发的空间。

为使资源能够可持续利用和减少资源的破坏，需要在科学、合理、安全利用方面给予更多研究和关注。

第三节　黄河三角洲植被的恢复与重建

植被的恢复与重建是指通过人为保护或人工种植等手段使被破坏的植被在较短时间内得以复原或形成的过程。在自然状态下，被破坏或退化的植被经过长时间的演替过程也可以自我恢复。但在目前生态环境已遭到严重破坏，人为活动日益加剧的情况下，植被的自然恢复难度非常大。因而必须借助人工手段和措施，促进和加速植被的自然恢复过程。由于土壤和水分条件特殊，黄河三角洲植被的恢复和重建难度较大，问题较复杂。

一、黄河三角洲植被恢复与重建的原则

1. 生态学原则

植被的恢复必须符合生态学原理和群落学规律。依据这两点，植被的发生和形成至少应具备以下两方面的条件：一是适宜的生态条件，包括土壤条件等；二是合适的植物种类。因此，对黄河三角洲植被的恢复，首先要考虑到导致植被变化的主导因子——土壤条件，并根据土壤条件特征选择适合的植物种类。同时，还要考虑到植被恢复是循序渐进的，需要较长的过程。因此，在不同演替和恢复阶段应选用不同种类，采用不同方法。所谓的"适地适树""适地适草"更适用于黄河三角洲。植被的建群种和常见种，是植被恢复和重建的首选种类。

2. 协调性原则

植被的恢复和重建应与当地经济发展相协调。黄河三角洲是我国重要的石油、化工、粮食和畜牧业基地，植被的恢复和重建必须考虑到这一点，尽可能协调与经济

发展的矛盾。

3. 经济性原则

植被的恢复与重建应在符合当地经济能力的基础上进行。这是一项庞大的生态工程，是生态系统水平上的生物技术，需要很高的代价。如国家自然保护区内的湿地恢复，先后20多年，实施了多期工程。因此，植被的恢复和重建不能超过当地的经济发展水平和承担能力，须量力而行。

4. 差异性原则

植被的恢复和重建应根据不同的植被类型和植被退化程度有所差异。植被类型不同，恢复和重建的要求、方式不可能一样。同样，植被破坏的程度不同，恢复的途径也有差异。因此，在植被恢复和重建的实际工作中，充分注意这一点是极为重要的，否则将事倍功半或半途而废。

二、植被恢复的途径

如前所述，黄河三角洲的植被具有多种特色，并且植被退化、受损程度和范围都不相同。根据这些特点和前面所提原则，对黄河三角洲植被的恢复与重建建议考虑以下几条途径。

1. 未受干扰植被——加强保护与研究

在黄河口地区形成的大面积天然草地植被，不仅是当地的一大景观，也是许多珍稀动物的栖息场所。如大汶流的天然柳林、大汶流和一千二等地的柽柳灌丛、滩涂地带的盐地碱蓬草甸、具有中生性质的白茅典型草甸等，不仅是难得的自然植被，也是研究植被的发生和演替、生境和植被的关系、植被恢复与重建模式等难得的场地和天然实验室。因此更要严格保护，绝对禁止破坏式的利用。在保护的同时，必须抓紧基础研究，包括植物区系组成、植被动态规律、土壤水盐动态特征、植被维持机制、植被初级生产力、与生物多样性的关系等方面的研究，为植被恢复和重建提供最基础的第一手资料和科学依据。

2. 退化草地的恢复与重建——人工辅助

目前，黄河三角洲有超过 6 万 hm² 的次生退化草地，优势种类多是一些耐盐的类型，如盐地碱蓬、蒿类等。对这一类退化草地，一方面要加以保护，禁止放牧或开垦；另一方面，可增加人工种植。在土壤盐分降到 0.6%~1.0% 左右时，可人工种植中度耐盐的种类，如罗布麻、补血草、芦苇等；当土壤盐分降到 0.6% 以下，则可种植芦苇、白茅等种类。当然，这一过程并非三五年能完成的。先进行小面积的试验和示范，再逐渐扩大范围。

3. 沼泽和水生植被恢复与重建——生态补水

由于近年来不断推进生态补水，在有灌水的条件下，可以通过挖渠、开沟等方式引入黄河水，形成沼泽地和常年积水地，这样就很容易恢复芦苇沼泽，为鸟类的栖息、觅食等提供新的生境。近 20 年的生态恢复工程也主要是在这方面取得了成效（图12-4）。

4. 柳林和柽柳灌丛的恢复与重建——自然恢复与人工辅助

黄河三角洲天然林地主要是柳林和柽柳灌丛，这两类群落都因海水入侵、地下水位升高造成中度盐渍化而退化。目前主要是保护加人工扶持。大汶流等地的旱柳林因病虫害等侵害有一定退化，需加强观测和预防病虫害。一千二等地的柽柳灌丛因海水漫灌而成片死亡，目前比较有效的办法是建防潮坝。此外，在 20 世纪 80~90 年代还可见到的白刺群落，目前已基本见不到了，可以通过人工种植的方法使其分布面积和范围适当扩大。

5. 废气油井周围植被的恢复与重建——人工恢复为主

石油开采过程中，采油和运输必然要占用和破坏一定面积的植被，在油井废弃

（a）

（b）

图 12-4　沼泽植被恢复

之后，油井周围往往形成数百平方米的裸地，或者仅有碱蓬、蒿类等生长。由于石油的存在，这些裸地上植被的自然恢复过程很慢，可采取换土或增加有机质的办法改善土壤条件，然后人工播种或栽植草本植物，使植被得以恢复。栽培的植物尽可能避免单一的种类。

6. 近海贝砂岛自然植被的保护与重建——加强保护

黄河三角洲沿海地区有上百个由贝壳砂组成的大大小小的砂岛和贝壳堤，这也是一种生态特色。贝砂岛、贝壳堤的形成历经了数百甚至更长时间，其上主要分布的是耐旱的砂生植被类型，如单叶蔓荆灌丛，以及草麻黄、打碗花等砂生植物。由于人类对贝壳砂的过度采挖，不仅数百年到数千年才形成的贝砂岛和贝壳堤遭到了破坏，植被的恢复和重建也变得几乎不可能。保护好贝壳堤是当务之急。

7. 生态廊道建设——保护与建设

资料记载，20 世纪 50 年代以前，黄河三角洲孤岛一带曾有上万亩天然柳林，这表明在黄河三角洲地区建设旱柳为主的森林植被是有潜力的。《黄河流域生态保护和高质量发展规划纲要》明确指出要在黄河下游建立绿色生态廊道，其中林地是最重要的，选用的种类除旱柳外，较适宜的还有刺槐、柽柳等。营造生态廊道应注重乔、灌、草，林地和草地，林地和水生植被等的结合。

第四节　黄河三角洲植被的发展

2021 年 10 月 8 日，党中央、国务院正式颁布了《黄河流域生态保护和高质量发展规划纲要》，使黄河三角洲区域的生态保护和经济发展步入重大国家战略，黄河三角洲迎来了难得的发展契机，黄河三角洲的植被保护和恢复也迎来了新的发展机遇。

黄河三角洲生物多样性保护与恢复是黄河国家战略的重要内容之一，也是黄河下游生态保护的首要任务。黄河三角洲植被作为生物多样性的重要组成部分和其他生物多样性的载体，在生物多样性保护中具有不可替代性，在黄河口国家公园建设中意义重大。建设黄河口国家公园是落实习近平总书记"提高黄河下游生物多样性"重要指示的最佳途径和实现方式，也是实施国家战略、完成和实现规划纲要确定的目标任务的落脚点。黄河三角洲植被状况如何，不仅影响到相关的生物多样性，也关系到国家公园的可持续性、稳定性和质量。所以必须加强保护、恢复，以及相应的基础研究、长期监测和科学管理，促进植被的正向演替和健康发展，维持和强化其原真性、完整性和多样性。

一、促进正向演替，保持原真性

黄河三角洲植被的一个重要特征是植被的原生性，由于黄河三角洲成陆时间短，在许多地方，特别是黄河口和近海地区，植被基本上是自然状态，并且处于快速的变化当中，对于植被动态研究及植被保护与恢复，这里是极其难得的天然实验室。由于黄河三角洲国家级自然保护区的建立减少了人为干扰和破坏，较好地保持了原始的生态环境，使得这一区域，特别是保护区内，以自然分布的植物和植被占明显优势，与周边区域栽培植物多见的情况形成了鲜明的对比。黄河三角洲植被的原真性表现在以下几方面：一是生境的原真性；二是植被类型及其多样性的原真性，以盐生、盐中生和湿生植物为建群种组成的盐生草甸和灌丛植被是直接的表现，栖息于植被中的鸟类有数百种，天然草地和栖息其中的鸟类成为黄河三角洲重要的自然景观；三是生态序列和演替的原真性，从海岸到内陆，从河口到内陆，植被类型呈梯度化、系列化分布，这里是研究植被的发生和演替、恢复与重建模式难得的场地，是研究河口生态系统的天然"实验室"，这个原真性更难得。

二、植被恢复和重建，突出完整性

植被都有不同的植物种类组成、一定的外貌和结构、相应的动态变化和各种功能，即自然植被在正常演替的情况下具有组成、结构和功能的完整性。在自然保护区的核心区，这种完整性大多得到了很好的维持。

黄河三角洲除国家级自然保护区之外其他区域的植被已经发生了明显的变化，大多区域的自然植被已经被农田、油田、工厂、居民区等取代。因而保护好国家级自然保护区内的自然植被及其完整性越发重要。植被恢复目前被认为是促进植被正向演替的重要措施，在人工辅助植被恢复的过程中，也需要尽可能维持其组成、结构和功能的完整性。

三、加大植被保护力度，提高多样性

如前所述，植被本身是生物多样性的组成部分，也是其他生物多样性的基础和载体。所以在植被保护中，应尽可能提高多样性，包括种类多样性、类型多样性、功能多样性、动物和微生物多样性等。在黄河三角洲近海区域，人为引进的互花米草对种类多样性、类型多样性、功能多样性、动物和微生物多样性造成了明显的不利影响，引起了科学家和各部门的高度关注。目前各部门正在采取措施进行治理，已经取得了明显的效果。另一方面，保护区通过人工设置鸟巢、加固防潮大堤等，吸引了东方白鹳、黑嘴鸥等鸟类，提高了生物多样性。

四、加强基础研究，为植被保护和发展提供理论支持

近几十年来，黄河三角洲成为中国植被研究的重点和热点区域，相关研究成果颇丰，丰富了中国植被研究的资料。未来，黄河三角洲湿地植被的相关研究仍将是热点和重点，包括土壤水盐动态特征、植物区系组成、植被动态规律、植被生产力等方面。探讨湿地植被的形成、维持和演化机制，能为植被保护与恢复提供最基础的第一手资料和科学依据，对提高生物多样性、维持区域生态安全和可持续发展以及建设国家公园具有重要的学术价值和实际意义。

黄河流域生态保护和高质量发展重大国家战略的实施，对生态研究提出了更新、更高的要求，需要为国家战略的实施提供更多科学依据和支持。例如，对植被发生和维持机制、水盐动态与植被格局、黄河水沙动态和尾闾摆动对植被的影响、植被与物种多样性保护、植被的恢复与重建、外来有害物种的合理利用与防治等重大科学问题需要尽快开展深入研究，这无疑是黄河三角洲湿地生态系统和植被研究新的历史发展机遇，研究范围、力度、深度都将大大加强。随着研究技术与手段的不断提高、研究内容的不断拓展和深入，长期的定位和综合观测、多学科的综合研究、遥感和无人机的利用等，是黄河三角洲植被研究的趋势，有可能在解决重大问题方面发挥作用，而植被研究无疑是必要的基础。

结束语

近代黄河三角洲的形成只有不过百年，而现代黄河三角洲和新黄河三角洲形成时间更短，只有几十年。相关植被的历史也比较短暂。在人类活动以前，黄河三角洲自然植被的覆盖率非常高，大面积的天然柳林、柽柳林、白茅草甸和芦苇群落到处可见。1882年开始有垦户出现在黄河三角洲，这里的自然植被第一次遭到破坏。20世纪五六十年代，为了发展农业，人们在黄河三角洲到处建立农场和牧场，加上新居民的涌入，黄河三角洲的植被又一次遭到了大面积破坏，导致了大面积次生盐碱地的形

成。20 世纪 60 年代后，随着石油工业的兴起和城市化发展，黄河三角洲的植被又受到第三次威胁和破坏，孤岛等地原始的天然柳林已不复存在，天然柽柳林也遭到严重破坏，被认为标志着土壤非盐碱化的大面积白茅群落也因过度开垦几乎消失，被次生的盐地碱蓬、蒿类等群落取代。值得庆幸的是，国家级自然保护区的建立和人们生态意识的提高，使黄河三角洲的自然植被、湿地生态系统及其多样性得到了有效的保护，生态质量不断改善。随着黄河国家战略的不断推进和黄河口国家公园的建设，植被的保护和恢复、资源的可持续利用将进入新的发展阶段，植被在生物多样性提升、生态安全保障、高质量发展、让黄河最终成为造福人民的幸福河等方面将发挥更大、更强的作用。

参 考 文 献

安永会，张福存，姚秀菊，2006. 黄河三角洲水土盐形成演化与分布特征 [J]. 地球与环境，34(3)：65 - 70.

白世红，马风云，侯栋，等，2010. 黄河三角洲植被演替过程种群生态位变化研究 [J]. 中国生态农业学报，18(3)：581 - 587.

毕云霞，1994a. 黄河三角洲大汶流滩涂草场开发建设刍议 [J]. 中国草地，5：44 - 46.

毕云霞，1994b. 黄河三角洲地区野生牧草种质资源的初步研究 [J]. 草业科学，11(5)：7 - 9.

毕云霞，刘仁杰，1994c. 黄河三角洲地区野生饲用牧草资源及其开发利用 [J]. 山东畜牧兽医，1：16 - 20.

陈唯真，1980. 山东省北部滨海草场类型的划分及其培育利用 [J]. 山东农学院学报 (4)：23 - 35.

陈艳春，赵秀英，1996. 黄河三角洲草场气候生产力与草业开发 [J]. 气象，22(11)：44 - 48.

程相坤，顾润源，1995. 黄河三角洲地区的气象灾害及其防御措施 [J]. 山东气象，1：37 - 39.

崔保山，赵欣胜，杨志峰，等，2006. 黄河三角洲芦苇种群特征对水深环境梯度的响应 [J]. 生态学报，26(5)：1533 - 1541.

党消消，张蕾，王伟，等，2020. 黄河三角洲原生演替中土壤微生物群落结构分析 (英文)[J]. 微生物学报，60(6)：1272 - 1283.

邓琳，2007. 黄河三角洲优势饲用植物及其利用：盐地碱蓬·地肤 [J]. 安徽农业科学，35(24)：7469 - 7470.

丁秋祎，白军红，高海峰，等，2009. 黄河三角洲湿地不同植被群落下土壤养分含量特征 [J]. 农业环境科学学报，28(10)：2092 - 2097.

范德江，陈彰榕，栾光忠，2001. 黄河三角洲河道沉积规律研究 Ⅱ . 建林边滩沉积作用机理 [J]. 青岛海洋大学学报，31(2)：237 - 242.

方精云，王国宏，2020a.《中国植被志》：为中国植被登记造册 [J]. 植物生态学报，44(2)：93 - 95.

方精云，郭柯，王国宏，等，2020b.《中国植被志》的植被分类系统、植被类型划分及编排体系 [J]. 植物生态学报，44(2)：96 - 110.

房用，王淑军，刘月良，等，2008. 现代黄河三角洲的植被群落演替阶段 [J]. 东北林业大学学报，36(9)：89 - 93.

房用，王淑军，刘磊，等，2009a. 黄河三角洲不同人工干扰下的湿地群落种类组成及其成因 [J]. 东北林业大学学报，37(7)：67 - 70.

房用，梁玉，刘月良，等，2009b. 黄河三角洲湿地植被群落数量分类与排序 [J]. 林业科学，45(10)：152 - 154.

房用，刘月良，2010. 黄河三角洲湿地植被恢复研究 [M]. 北京：中国环境科学出版社 .

盖世民，徐启春，许乃猷，1999.黄河三角洲近四十年的气候变化特征 [J].海洋湖沼通报，2: 1 - 5.

高德民，樊守金，2002.山东崂山植被研究 [J].山东科学，15(1): 23 - 27.

高霞，田家怡，2000.黄河三角洲淡水浮游植物名录 [J].海洋湖沼通报，3: 65 - 77.

耿秀山，徐孝诗，傅命佐，1992.黄河三角洲体系与地貌特征 [J].海岸工程，11(2): 66 - 78.

谷奉天，王铠，1986.现代黄河三角洲草地资源与演替规律 [J].中国草原与牧草，3(4): 5 - 38.

谷奉天，1991.黄河口地区柽柳群落及其利用 [J].中国草地 (3): 44 - 48.

谷奉天，1995.黄河口区海岸带植被的发生与动态观察 [J].滨州教育学院学报 (01): 4 - 8.

郭卫华，2001.黄河三角洲及其附近湿地芦苇种群的遗传多样性及克隆结构研究 [D].济南：山东大学.

韩广轩，王光美，张志东，等，2008.烟台海岸黑松防护林种群结构及其随离岸距离的变化 [J].林业科
    学，44(10): 8 - 13.

韩继荣，张海霞，韩小军，等，2010.黄河三角洲典型灌区盐碱土的分布及其对生态环境的影响评价 [J].
    水利科技与经济，16(2): 171 - 172.

韩美，2012.基于多期遥感影像的黄河三角洲湿地动态与湿地补偿标准研究 [D].济南：山东大学.

何庆成，张波，李采，2006.基于 RS、GIS 集成技术的黄河三角洲海岸线变迁研究 [J].中国地质，
    33(5): 1118 - 1123.

贺强，崔保山，赵欣胜，等，2007.水盐梯度下黄河三角洲湿地植被空间分异规律的定量研究 [J].湿地
    科学，5(3): 208 - 214.

贺强，崔保山，赵欣胜，等，2008.水、盐梯度下黄河三角洲湿地植物种的生态位 [J].应用生态学报，
    19(5): 969 - 975.

贺强，崔保山，赵欣胜，等，2009.黄河河口盐沼植被分布、多样性与土壤化学因子的相关关系 [J].生
    态学报，29(2): 676 - 687.

侯本栋，马风云，邢尚军，等，2007.黄河三角洲不同演替阶段湿地群落的土壤和植被特征 [J].浙江林
    学院学报，24(3): 313 - 318.

胡乔木，杨舒茜，李韦，等，2009.土壤养分梯度下黄河三角洲湿地植物的生态位 [J].北京师范大学学
    报 (自然科学版)，35(1): 75 - 79.

贾文泽，田家怡，潘怀剑，2002.黄河三角洲生物多样性保护与可持续利用的研究 [J].环境科学研究，
    15(4): 35 - 53.

李峰，谢永宏，陈心胜，等，2009.黄河三角洲湿地水生植物组成及生态位 [J].生态学报，29(11):
    6257 - 6265.

李任伟，李禾，李原，等，2001.黄河三角洲沉积物重金属、氮和磷污染研究 [J].沉积学报，19(4):
    622 - 629.

李兴东，1988.典范分析法在黄河三角洲莱州湾滨海区盐生植物群落研究中的应用 [J].植物生态学报

(4): 300 - 305.

李兴东, 1989a. 黄河三角洲草地退化的研究 [J]. 生态学杂志, 008(005): 47 - 49.

李兴东, 1989b. 黄河三角洲的草地及其开发利用与保护的初步研究 [J]. 农村生态环境 (2): 18 - 21.

李兴东, 周光裕, 1990. 黄河三角洲盐生草甸白茅 (*Imperata cylindrica* var. *major*) 群落季节性动态的研
究 [J]. 宁波大学学报 (理工版), 3(2): 49 - 55.

李兴东, 1991. 黄河三角洲芦苇种群高度和地上净生产量生长季动态 [J]. 生态学杂志, 010(002): 16 - 19.

李政海, 王海梅, 刘书润, 等, 2006. 黄河三角洲生物多样性分析 [J]. 生态环境, 15(3): 577 - 582.

梁玉, 房用, 刘月良, 等, 2008a. 黄河三角洲湿地群落种群生态位研究 [J]. 山东林业科技, 2: 10 - 13.

梁玉, 房用, 王月海, 等, 2008b. 黄河三角洲湿地不同植被恢复类型对植被多样性的影响 [J]. 东北林
业大学学报, 36(9): 48 - 50.

梁玉, 刘磊, 刘月良, 等, 2008c. 黄河三角洲湿地护坡植物的选择 [J]. 山东林业科技, 3: 4 - 6.

梁玉, 刘月良, 于海龄, 等, 2009. 黄河三角洲湿地两岸植被特征分析 [J]. 东北林业大学学报, 37(10):
16 - 25.

凌敏, 刘汝海, 王艳, 等, 2010. 黄河三角洲柽柳林场湿地土壤养分的空间异质性及其与植物群落分布
的耦合关系 [J]. 湿地科学, 8(1): 92 - 97.

刘富强, 王延平, 杨阳, 等, 2009. 黄河三角洲柽柳种群空间分布格局研究 [J]. 西北林学院学报,
24(3): 7 - 11.

刘晋秀, 江崇波, 范学炜, 2002. 黄河三角洲近 40 年来气候变化趋势及异常特征 [J]. 海洋预报, 19(2):
31 - 35.

刘庆年, 刘俊展, 刘京涛, 等, 2006. 黄河三角洲外来入侵有害生物的初步研究 [J]. 山东农业大学学报
(自然科学版), 37(4): 581 - 585.

鲁开宏, 1985. 试论鲁北滨海盐土草场的合理开发利用 [J]. 农村生态环境 (04): 29 - 32.

鲁开宏, 1987. 鲁北滨海盐生草甸獐茅群落生长季动态 [J]. 植物生态学与地植物学学报, 1(03): 35 - 44.

穆从如, 杨林生, 王景华, 等, 2000. 黄河三角洲湿地生态系统的形成及其保护 [J]. 应用生态学报,
11(1): 123 - 126.

聂俊华, 李成元, 王一川, 等, 1993. 近代黄河三角洲土壤物理特性的空间变异性 [J]. 山东农业大学学
报, 24(1): 68 - 72.

潘怀剑, 田家怡, 谷奉天, 2001. 黄河三角洲贝壳海岛与植物多样性保护 [J]. 海洋环境科学, 20(3):
54 - 59.

邵秋玲, 解小丁, 李法曾, 2002. 黄河三角洲国家级自然保护区植物区系研究 [J]. 西北植物学报,
22(4): 731 - 735.

史同广, 高士友, 李月臣, 等, 1998. 山东省东营市黄河三角洲草场资源开发利用对策 [J]. 中国草地, 3:

69‐72.

宋创业，刘高焕，2007. 黄河三角洲自然保护区植被格局时空动态分析 [C]// 尚宏琦，骆向新 . 第三届
　　黄河国际论坛论文集 . 郑州：黄河水利出版社 .

宋创业，刘高焕，刘庆生，等，2008. 黄河三角洲植物群落分布格局及其影响因素 [J]. 生态学杂志，
　　27(12): 2042‐2048.

宋创业，黄翀，刘庆生，等，2010. 黄河三角洲典型植被潜在分布区模拟：以翅碱蓬群落为例 [J]. 自然
　　资源学报，25(4): 677‐685.

宋永昌，2017. 植被生态学 (第二版)[M]. 北京：高等教育出版社 .

宋玉民，张建锋，邢尚军，等，2003. 黄河三角洲重盐碱地植被特征与植被恢复技术 [J]. 东北林业大学
　　学报，31(6): 87‐89.

孙庆基，1989. 山东省自然地理 [M]. 济南：山东教育出版社 .

谭向峰，杜宁，葛秀丽，等，2012. 黄河三角洲滨海草甸与土壤因子的关系 [J]. 生态学报 (19): 5998‐
　　6005.

谭学界，赵欣胜，2006. 水深梯度下湿地植被空间分布与生态适应 [J]. 生态学杂志，25(12): 1460‐
　　1464.

唐娜，崔保山，赵欣胜，2006. 黄河三角洲芦苇湿地的恢复 [J]. 生态学报 (08): 2616‐2624.

田家怡，2000. 黄河三角洲附近海域浮游植物多样性 [J]. 海洋环境科学，19(2): 38‐42.

田家怡，2005a. 黄河三角洲湿地生物多样性与可持续利用 [J]. 滨州学院学报，21(3): 38‐44.

田家怡，王秀凤，蔡学军，2005b. 黄河三角洲湿地生态系统保护与恢复技术 [M]. 青岛：中国海洋大学
　　出版社 .

田家怡，闫永利，韩荣钧，等，2016. 黄河三角洲生态环境史 [M]. 济南：齐鲁书社 .

VAN DER MAAREL E, FRANKLIN J, 2017. 植被生态学 (原著第二版)[M]. 北京：科学出版社 .

王国宏，方精云，郭柯，等，2020.《中国植被志》研编内容与规范 [J]. 植物生态学报，44(2): 128‐178.

王海梅，李政海，宋国宝，等，2006. 黄河三角洲植被分布、土地利用类型与土壤理化性状关系的初步
　　研究 [J]. 内蒙古大学学报 (自然科学版)(01): 69‐75.

王海洋，黄涛，宋莎莎，2007. 黄河三角洲滨海盐碱地绿化植物资源普查及选择研究 [J]. 山东林业科技，
　　1: 12‐15.

王红，宫鹏，刘高焕，2006. 黄河三角洲多尺度土壤盐分的空间分异 [J]. 地理研究，25(4): 649‐658.

王清，王仁卿，张治国，等，1993. 黄河三角洲的植物区系 [J]. 山东大学学报 (理学版)，28 (增刊：黄
　　河三角洲植被专辑): 15‐22.

王仁卿，王清，张治国，1993a. 黄河三角洲常见植物名录 [J]. 山东大学学报 (自然科学版)，28(增刊):
　　78‐93.

王仁卿，张煜涵，孙淑霞，等，2021. 黄河三角洲植被研究回顾与展望 [J]. 山东大学学报 (理学版)，56(10): 135 - 148.

王仁卿，张治国，1993b. 黄河三角洲植被概论 [J]. 山东大学学报 (自然科学版)，28(增刊): 1 - 7.

王仁卿，张治国，王清，1993c. 黄河三角洲植被的分类 [J]. 山东大学学报 (自然科学版)，28(增刊): 23 - 28.

王仁卿，周光裕，2000. 山东植被 [M]. 济南 : 山东科学技术出版社 .

王瑞玲，VAN EUPEN MICHIEL，王新功，等，2007. 基于 LEDESS 模型的黄河三角洲湿地植被演替研究 [C]// 骆向新，尚宏琦 . 第三届黄河国际论坛论文集 . 郑州 : 黄河水利出版社 .

王三，侯杰娟，2002. 基于遥感技术的黄河三角洲河口土地变迁研究 [J]. 西南农业大学学报，24(1): 86 - 88.

王雪宏，2015. 黄河三角洲新生湿地植物群落分布格局 [J]. 地理科学，35(8): 1021 - 1026.

王彦功，2001. 黄河三角洲盐生植物及其开发利用 [J]. 特种经济动植物，4(5): 33 - 34.

王玉芳，2006. 黄河三角洲蜜源植物资源开发与利用 [J]. 滨州学院学报，22(3): 68 - 70.

王玉江，段代祥，2008a. 黄河三角洲地区盐生植物资源的开发与利用 [J]. 安徽农业科学，36(11): 4606 - 4607.

王玉江，许卉，2008b. 黄河三角洲盐渍土园林绿化植物种类及抗盐能力调查 [J]. 安徽农业科学，36(20): 8575, 8657.

王玉祥，夏阳，盖广玲，等，2005. 植树造林在黄河三角洲生态与环境建设中的作用 [J]. 水土保持研究，12(5): 256 - 258.

王玉珍，刘永信，张新锋，等，2004. 黄河三角洲盐生野菜种类及其经济价值 [J]. 特种经济动植物，7(4): 33 - 34.

王玉珍，刘永信，魏春兰，2006. 黄河三角洲地区濒危植物种类及其保护措施 [J]. 山东农业科学，4: 84 - 86.

王玉珍，2007. 黄河三角洲湿地资源及生物多样性研究 [J]. 安徽农业科学，35(6): 1745 - 1746, 1787.

翁森红，2008. 黄河三角洲的绿化植物资源调查 : 以东营地区为例 [J]. 内蒙古科技与经济，22: 251 - 258.

翁永玲，宫鹏，2006. 黄河三角洲盐渍土盐分特征研究 [J]. 南京大学学报 (自然科学)，42(6): 602 - 610.

吴大千，刘建，王炜，等，2009. 黄河三角洲植被指数与地形要素的多尺度分析 [J]. 植物生态学报，33(2): 237 - 245.

吴大千，2010. 黄河三角洲植被的空间格局、动态监测与模拟 [D]. 济南 : 山东大学 .

吴立新，2005. 黄河三角洲草地资源的调查与研究 [J]. 四川草原，3: 12 - 15.

吴巍，谷奉天，2005. 黄河三角洲湿地牧草类型及生产潜力研究 [J]. 滨州学院学报，21(3): 45 - 52.

吴志芬，赵善伦，张学雷，1994. 黄河三角洲盐生植被与土壤盐分的相关性研究 [J]. 植物生态学报，18(2)：184 - 193.

郗金标，宋玉民，邢尚军，等，2002a. 黄河三角洲生态系统特征与演替规律 [J]. 东北林业大学学报，30(6)：111 - 114.

郗金标，宋玉民，邢尚军，等，2002b. 黄河三角洲生物多样性现状与可持续利用 [J]. 东北林业大学学报，30(6)：120 - 123.

夏江宝，陆兆华，高鹏，等，2009a. 黄河三角洲滩地不同植被类型的土壤贮水功能 [J]. 水土保持学报，23(5)：72 - 75，95.

夏江宝，许景伟，陆兆华，等，2009b. 黄河三角洲滩地不同植被类型改良土壤效应研究 [J]. 水土保持学报，23(2)：148 - 151.

谢小丁，邵秋玲，崔宏伟，等，2008. 黄河三角洲地区耐盐野生药用植物资源调查初报 [J]. 湖北农业科学，47(4)：415 - 417.

谢小丁，徐化凌，邵秋玲，2010. 小叶野决明在黄河三角洲的发现和利用 [J]. 北方园艺 (1)：207 - 208.

信志红，2009. 黄河三角洲湿地资源及其生态特征分析 [J]. 安徽农业科学，37(1)：301 - 302，348.

邢尚军，郗金标，张建锋，等，2003a. 黄河三角洲植被基本特征及其主要类型 [J]. 东北林业大学学报，31(6)：85 - 86.

邢尚军，郗金标，张建锋，等，2003b. 黄河三角洲常见树种耐盐能力及其配套造林技术 [J]. 东北林业大学学报，31(6)：94 - 95.

徐恺，2020. 黄河三角洲典型湿地大型底栖动物与土壤微生物的群落结构及其相互影响 [D]. 济南：山东大学.

许学工，1996. 黄河三角洲土地结构分析 [J]. 地理学报，52(1)：18 - 26.

颜世强，范继璋，石玉臣，等，2005. 黄河三角洲生态地质环境综合研究 [C]// 中国地质调查局. 海岸带地质环境与城市发展论文集. 北京：中国大地出版社.

杨光，张锡义，宋志文，2005. 黄河三角洲地区大米草入侵与防治对策 [J]. 青岛建筑工程学院学报，26(2)：57 - 59.

杨胜天，刘昌明，孙睿，2002. 近二十年来黄河流域植被覆盖变化分析 [J]. 地理学报，57(6)：679 - 684.

姚吉成，2000. 黄河三角洲野菜优势资源及其营养成分 [J]. 滨州教育学院学报，6(2)：44 - 45.

姚志刚，申保忠，2003. 黄河三角洲野生抗盐花卉资源的开发与利用 [J]. 生物学通报，38(1)：57 - 58.

叶庆华，田国良，刘高焕，等，2004. 黄河三角洲新生湿地土地覆被演替图谱 [J]. 地理研究，23(2)：257 - 264.

余悦，2012. 黄河三角洲原生演替中土壤微生物多样性及其与土壤理化性质关系 [D]. 济南：山东大学.

岳钧，王仁卿，张治国，等，1993. 黄河三角洲的栽培植被 [J]. 山东大学学报 (自然科学版)，28(增刊)：46 - 50.

张高生，王立成，刘大胜，1998. 黄河三角洲自然保护区生物多样性及其保护 [J]. 农村环境，14(4)：16 - 18.

张高生，王仁卿，2008. 现代黄河三角洲植物群落数量分类研究 [J]. 北京林业大学学报，30(03)：31 - 36.

张高生，王博，贾洪玉，2010. 基于 RS 和 GIS 的现代黄河三角洲植被覆盖动态变化研究 [J]. 山东师范大学学报（自然科学版），25(1)：117 - 120.

张建锋，邢尚军，孙启祥，等，2006. 黄河三角洲植被资源及其特征分析 [J]. 水土保持研究，13(1)：100 - 102.

张晓龙，李培英，刘月良，等，2007. 黄河三角洲湿地研究进展 [J]. 海洋科学，31(7)：81 - 85.

张晓龙，李萍，刘乐军，等，2009. 黄河三角洲湿地生物多样性及其保护 [J]. 海岸工程，28(3)：33 - 39.

张新时等，2007. 中国植被及其地理格局：中华人民共和国植被图 (1:1 000 000) 说明书 [M]. 北京：地质出版社.

张秀华，2018. 山东省自然保护区植物多样性及其影响因素研究 [D]. 济南：山东大学.

张绪良，谷东起，丰爱平，等，2006. 黄河三角洲和莱州湾南岸湿地植被特征及演化的对比研究 [J]. 水土保持通报，26(3)：127 - 140.

张绪良，叶思源，印萍，等，2009a. 黄河三角洲自然湿地植被的特征及演化 [J]. 生态环境学报，18(1)：292 - 298.

张绪良，叶思源，印萍，等，2009b. 黄河三角洲滨海湿地的维管束植物区系特征 [J]. 生态环境学报，18(2)：600 - 607.

张长英，张治昊，刘宝玉，等，2010. 水沙变异对黄河三角洲湿地生态环境的影响分析 [J]. 水利科技与经济，16(1)：58 - 59.

张治国，王仁卿，陆化梅，1993a. 黄河三角洲植被的发生及其演替规律 [J]. 山东大学学报（自然科学版），28(增刊)：51 - 55.

张治国，王仁卿，王清，等，1993b. 黄河三角洲的沼泽植被和水生植被 [J]. 山东大学学报（自然科学版），28(增刊)：43 - 45.

张治国，王仁卿，王清，等，1993c. 黄河三角洲植被的主要类型及其群落学特征 [J]. 山东大学学报（自然科学版），28(增刊)：29 - 42.

张治国，王仁卿，1994. 黄河三角洲牧草品质及其利用价值的综合评价模型 [J]. 山东大学学报（自然科学版）(2)：210 - 216.

赵可夫，冯立田，张圣强，1998. 黄河三角洲不同生态型芦苇对盐度适应生理的研究 I. 渗透调节物质及其贡献 [J]. 生态学报，18(5)：463 - 369.

赵可夫，冯立田，张圣强，等，2000. 黄河三角洲不同生态型芦苇对盐度适应生理的研究 II. 不同生态型芦苇的光合气体交换特点 [J]. 生态学报，20(5)：795 - 799.

赵丽萍，段代祥，2009a. 黄河三角洲贝壳堤岛自然保护区维管植物区系研究 [J]. 武汉植物学研究，
　　27(5)：552 - 556.

赵丽萍，谷奉天，2009b. 黄河三角洲贝沙岛及其野生药用植物资源开发利用 [J]. 福建林业科技，36(3)：
　　186 - 189.

赵善伦，1993. 黄河三角洲的植被资源及其利用方向 [J]. 山东师大学报（自然科学版），8(1)：49 - 73.

赵鸣，王卫斌，2008. 耐盐地被植物在黄河三角洲园林绿化中的应用 [J]. 山东林业科技，2：52 - 54.

赵欣胜，崔保山，杨志峰，等，2007. 黄河三角洲湿地植被退化关键环境因子确定 [C]// 尚宏琦，骆向新.
　　第三届黄河国际论坛论文集. 郑州：黄河水利出版社.

赵欣胜，吕卷章，孙涛，2009. 黄河三角洲植被分布环境解释及柽柳空间分布点格局分析 [J]. 北京林业
　　大学学报，31(3)：29 - 36.

赵延茂，吕卷章，马克斌，1994. 黄河三角洲自然保护区植被调查报告 [J]. 山东林业科技，5：10 - 13.

赵延茂，吕卷章，朱书玉，等，1997. 黄河三角洲自然保护区森林生态系统的生物组成及利用 [J]. 山东
　　林业科技，4：26 - 29.

赵艳云，胡相明，田家怡，2009. 黄河三角洲湿地植被研究现状及存在的问题 [J]. 河北农业科学，
　　13(11)：57 - 58，72.

赵遵田，孙立彦，刘华杰，等，2000. 黄河三角洲野生观赏植物研究 [J]. 山东科学，13(3)：25 - 29.

郑凤英，杜伟，苟学文，2008. 威海市区黑松林群落的物种多样性特征 [J]. 生态环境，17(5)：1965 -
　　1969.

中国植被编辑委员会，1980. 中国植被 [M]. 北京：科学出版社.

周光裕，叶正丰，1956. 山东沾化县徒骇河东岸荒地植物群落的初步调查 [M]. 北京：科学出版社.

周光裕，1986. 山东森林 [M]. 北京：林业出版社.

周光裕，李兴东，1989. 中国黄河三角洲的草地（英文）[J]. 宁波大学学报（理工版），02.

周曙明，刘晓，1989. 黄河三角洲甘草资源开发利用研究 [J]. 山东中医杂志，8(5)：34 - 35.

周曙明，彭广芳，林慈彬，等，1999. 黄河三角洲罗布麻资源的开发利用 [J]. 山东中医药杂志，9(6)：
　　36 - 3.

宗美娟，王仁卿，2002. 黄河三角洲新生湿地植物群落与数字植被研究 [D]. 济南：山东大学.

CUI B S, ZHAO X S, ZHANG Z F, et al, 2008. Response of reed community to the environment
　　gradient water depth in the Yellow River Delta, China[J]. Front. Biol. China, 3(2): 194–202.

ELLENBERG H, 1988. The vegetation ecology of central Europe[J]. The quarterly review of biology,
　　64: 5–160.

GAO Y F, LIU L, ZHU P, et al, 2021. Patterns and dynamics of the soil microbial community with gradual vegetation succession in the Yellow River Delta, China[J]. Wetlands, 41(1).

JIANG D, FU X, WANG K, 2013. Vegetation dynamics and their response to freshwater inflow and climate variables in the Yellow River Delta, China[J]. Quaternary International, 304: 75–84.

LIU Q, LIU G, HUANG C, et al, 2019. Soil physicochemical properties associated with quasi-circular vegetation patches in the Yellow River Delta, China[J]. Geoderma, 337: 202–214.

LIU S, HOU X, YANG M, et al, 2018. Factors driving the relationships between vegetation and soil properties in the Yellow River Delta, China[J]. Catena, 165: 279–285.

SONG C Y, LIU G H, LIU Q S, 2009. Spatial and environmental effects on plant communities in the Yellow River Delta, Eastern China[J]. Journal of Forestry Research, 20(2): 117–122.

TAN X, ZHAO X, 2006. Spatial distribution and ecological adaptability of wetland vegetation in Yellow River Delta along a water table depth gradient[J]. Chinese Journal of Ecology, 25(12): 1460–1464.

WALTER H, 1980. Vegetation of the earth[J]. Ecology, 61(1): 206.

WANG J N, ZHANG Z, et al, 2020. Shifts in the bacterial population and ecosystem functions in response to vegetation in the Yellow River Delta wetlands[J]. mSystems, 5(3).

WANG X, YU J, ZHOU D, et al, 2012. Vegetative ecological characteristics of restored reed (Phragmites australis) wetlands in the Yellow River Delta, China[J]. Environmental Management, 49(2): 325–333.

XIA J B, REN J, ZHANG S, et al, 2019. Forest and grass composite patterns improve the soil quality in the coastal saline-alkali land of the Yellow River Delta, China[J]. Geoderma, 349: 25–35.

XIA J B, REN R, CHEN Y, et al, 2020. Multifractal characteristics of soil particle distribution under different vegetation types in the Yellow River Delta chenier of China[J]. Geoderma, 368(5): 114311.

ZHANG G S, WANG R Q, SONG B M, 2007. Plant community succession in modern Yellow River Delta, China[J]. Journal of Zhejiang University-SCIENCE B, 8(8): 540–548.

ZHOU G, LI X, 1989. The grassland in the Yellow River Delta of China[J]. Journal of Ningbo University, 2(2): 25–28.

附录1 山东大学黄河三角洲植被研究团队 2000 年以来部分研究成果

一、学位论文

张明才.黄河三角洲柽柳群落土壤微生物多样性及其生态系统功能的研究.2000.硕士论文.

郭卫华.黄河三角洲及其附近湿地芦苇种群的遗传多样性及克隆结构研究.2001.硕士论文.

宋百敏.黄河三角洲盐地碱蓬种群生态学研究.2002.硕士论文.

宗美娟.黄河三角洲新生湿地植物群落与数字植被研究.2002.硕士论文.

吴大千.黄河三角洲植被覆被分布特征及其动态变化研究.2007.硕士论文.

张高生.基于 RS、GIS 技术的现代黄河三角洲植物群落演替数量分析及近 30 年植被动态研究.2008.博士论文.

王淑军.山东省城市化发展进程的战略生态影响评价.2009.博士论文.

吴大千.黄河三角洲植被的空间格局、动态监测与模拟.2010.博士论文.

张国栋.黄河三角洲净初级生产力、水分蒸散与景观格局变化的关系.2010.硕士论文.

韩美.基于多期遥感影像的黄河三角洲湿地动态与湿地补偿标准研究.2012.博士论文.

余悦.黄河三角洲原生演替中土壤微生物多样性及其与土壤理化性质关系.2012.博士论文.

谭向峰.黄河三角洲芦苇群落和叶性状对典型人为干扰的响应.2013.硕士论文.

周琪.山东省湿地人为干扰分析及人为建设干扰对湿地植物分布的影响.2014.硕士论文.

倪悦涵.黄河三角洲植物群落及功能性状对盐分和刈割的响应.2015.硕士论文.

孔祥龙.黄河三角洲植物群落种间相互作用研究.2016.硕士论文.

刘一凡.不同立地条件下的芦苇功能性状及个体相互作用研究.2016.硕士论文.

王成栋.基于能值分析的东营生态系统服务评估研究.2017.博士论文.

吴帆.黄河三角洲主要土壤类型重金属环境容量研究.2017.硕士论文.

于婷.水盐多变条件对芦苇植物功能性状的影响.2017.硕士论文.

张秀华.山东省自然保护区植物多样性及其影响因素研究.2018.博士论文.

陈浩.黄河三角洲核心区域城市化与生态环境耦合与代谢研究.2019.硕士论文.

苗永君.黄河三角洲不同土地利用类型土壤细菌和氮循环功能菌群研究.2019.硕士论文.

徐恺.黄河三角洲典型湿地大型底栖动物与土壤微生物的群落结构及其相互影响.2020.硕士论文.

杨树仁.黄河三角洲滨海湿地异质性生境芦苇根际微生物群落特征研究.2020.硕士论文.

张启慧.不同营养供应下两种碱蓬属植物对盐胁迫的响应.2020.硕士论文.

衣世杰.黄河山东段湿地植物群落构建和初级生产力调控机制.2021.博士论文.

二、学术论文

戴九兰[*],苗永君.2019.黄河三角洲不同盐碱农田生态系统中氮循环功能菌群研究.安全与环境学报,
19(3): 319-326.

王仁卿,张煜涵,孙淑霞,等,2021.黄河三角洲植被研究回顾与展望[J].山东大学学报(理学版),
56(10): 135-148.

吴大千,王仁卿[*],高甡,丁文娟,王炜,葛秀丽.2010.黄河三角洲农业用地动态变化模拟与情景分析.
农业工程学报,26: 285-290.

吴大千,刘建,贺同利,王淑军,王仁卿[*].2009.基于土地利用变化的黄河三角洲生态服务价值损益分析.
农业工程学报,5: 256-261.

吴大千,刘建,王炜,丁文娟,王仁卿[*].2009.黄河三角洲植被指数与地形要素的多尺度分析.植物生态
学报,33(2): 237-245.

周大猷.山东泥质海岸湿地常见植物的功能性状及其生态策略分析.2021.博士论文.

张高生,王仁卿[*].2008.现代黄河三角洲生态环境的动态监测.中国环境科学,28: 380-384.

张高生,王仁卿[*].2008.现代黄河三角洲植物群落数量分类研究.北京林业大学学报,30: 31-36.

Dayou Zhou, Yuehan Ni, Xiaona Yu[*], Kuixuan Lin, Ning Du, Lele Liu, Xiao Guo, Weihua Guo[*]. 2021.
Trait-based adaptability of Phragmites australis to the effects of soil water and salinity in the Yellow
River Delta. Ecology and Evolution (Accepted).

Shijie Yi, Pan Wu, Xiqiang Peng, Zhiyao Tang, Fenghua Bai, Xinke Sun, Yanan Gao, Huiying Qin, Xiaona
Yu, Renqing Wang, Ning Du, Weihua Guo[*]. 2021. Biodiversity, environmental context and structural
attributes as drivers of aboveground biomass in shrublands at the middle and lower reaches of the
Yellow River basin. Science of The Total Environment, 774.

Dayou Zhou, Weihua Guo[*], Mingyan Li, Franziska Eller, Cheyu Zhang, Pan Wu, Shijie Yi, Shuren Yang,
Ning Du, Xiaona Yu, Xiao Guo[*]. 2020. No Fertile Island Effects or Salt Island Effects of Tamarix
chinensis on Understory Herbaceous Communities Were Found in the Coastal Area of Laizhou Bay,
China. Wetlands, 40: 2679–2689.

Kai Xu, Renqing Wang[*], Weihua Guo, Zhengda Yu, Ruilian Sun, Jian Liu. 2020. Factors affecting the community structure of macrobenthos and microorganisms in Yellow River Delta wetlands: season, habitat, and interactions of organisms. Ecohydrology & Hydrobiology 20(4): 570–583.

Huan He, Yongjun Miao, Lvqing Zhang, Yu Chen, Yandong Gan, Na Liu, Liangfeng Dong, Jiulan Dai[*], Weifeng Chen[*]. 2020. The Structure and Diversity of Nitrogen Functional Groups from Different Cropping Systems in Yellow River Delta. Microorganisms, 8(3).

Huan He, Yongjun Miao, Yandong Gan, Shaodong Wei, Shangjin Tan, Klara Andrés Rask, Lihong Wang, Jiulan Dai[*], Weifeng Chen, Flemming Ekelund. 2020. Soil bacterial community response to long-term land use conversion in Yellow River Delta. Applied Soil Ecology, 156.

Qi-Hui Zhang, Kulihong Sairebieli, Ming-Ming Zhao, Xiao-Han Sun, Wei Wang, Xiao-Na Yu, Ning Du[*] & Wei-Hua Guo[*]. 2020. Nutrients Have a Different Impact on the Salt Tolerance of Two Coexisting Suaeda Species in the Yellow River Delta. Wetlands, 40: 2811–2823.

Shijie Yi, Pan Wu, Fenghua Bai, Dayou Zhou, Xiqiang Peng, Wenxin Zhang, Weihua Guo[*]. 2020. Environmental Filtering Drives Plant Community Assembly Processes in the Riparian Marsh of Downstream Yellow River, China. Wetlands, 40: 287–298.

Shijie Yi, Pan Wu, Xiqiang Peng, Fenghua Bai, Yanan Gao, Wenxin Zhang, Ning Du[*], Weihua Guo[*]. 2020. Functional identity enhances aboveground productivity of a coastal saline meadow mediated by Tamarix chinensis in Laizhou Bay, China. Scientific Reports, 10.

Chengdong Wang, Yutao Wang, Renqing Wang[*], Peiming Zheng. 2018. Modeling and evaluating land-use/land-cover change for urban planning and sustainability: a case study of Dongying city, China. Journal of Cleaner Production, 172: 1529–1534.

Chengdong Wang, Yutao Wang, Yong Geng, Renqing Wang[*], Junying Zhang. 2016. Measuring regional sustainability with an integrated social-economic-natural approach: a case study of the Yellow River Delta region of China. Journal of Cleaner Production, 114: 189–198.

Yue Yu, Hui Wang, Jian Liu, Qiang Wang, Tianlin Shen, Weihua Guo, Renqing Wang[*]. 2012. Shifts in microbial community function and structure along the successional gradient of coastal wetlands in Yellow River Estuary. European Journal of Soil Biology, 49: 12–21.

Wenjuan Ding, Jian Liu, Daqian Wu, Yue Wang, Cheninchi Chang, Renqing Wang[*]. 2011. Salinity stress modulates habitat selection in the clonal plant Aeluropus sinensis subjected to crude oil deposition. The Journal of the Torrey Botanical Society, 183: 262–271.

Daqian Wu, Jian Liu, Shujun Wang, Renqing Wang[*]. 2010. Simulating urban expansion by coupling a stochastic cellular automata model and socioeconomic indicators. Stochastic Environmental Research and Risk Assessment, 24(2): 235–245.

Daqian Wu, Jian Liu, Gaosheng Zhang, Wenjuan Ding, Wei Wang, Renqing Wang[*]. 2009. Incorporating spatial autocorrelation into cellular automata model: an application to the dynamics of Chinese tamarisk (Tamarix chinensis lour.). Ecological Modelling, 220(24): 3490–3498.

Weihua Guo, Renqing Wang[*], Shiliang Zhou, Shuping Zhang, Zhiguo Zhang. 2003. Genetic diversity and clonal structure of phragmites australis in the yellow river delta of China. Biochemical Systematics and Ecology, 31(10): 1093–1109.

三、专辑

王仁卿等 . 1993. 黄河三角洲植被研究专辑 . 山东大学学报 , 28(增刊)。

附录2　黄河三角洲维管植物名录

　　根据多年调查，结合已有资料，参照 iPlant 植物智（www.iplant.cn）植物分类系统 IV，对黄河三角洲地区的维管植物进行了初步统计。结果表明，各种维管植物有 4 门 105 科 363 属 668 种。其中野生种 368 种，栽培种 263 种，外来种 101 种，入侵种 22 种，建群种 38 种，珍稀种 4 种。

　　考虑到在植被研究和利用方面的实际意义，将粮食、蔬菜、花卉、中草药、果树等栽培种类去除再行统计，计有 4 门 78 科 241 属 440 种。其中野生种 358 种，半自然种和栽培种 82 种（自然状态下在野外能够正常生长且与植被保护和建设恢复有关联的种类有 63 种，如刺槐、枣树、杨树、紫穗槐、睡莲、三叶草、苘麻等；外来种 27 种，其中 19 种已逆生为野生或半自然种，包括 21 种入侵种），建群种 38 种，珍稀种 2 种。

一、植物中文名、拉丁名对照

　　黄河三角洲植物物种名录按照苔藓植物分类系统、石松类和蕨类植物分类系统、裸子植物分类系统、被子植物分类系统第四版进行分类与排列。来源标记为野生种、栽培和半自然种、外来种、入侵种、建群种、稀有种等类别。其中野生种类 358 种，栽培和半自然（含外来种）种类 82 种。

科	属	种	来源
1 真藓门 Bryophyta			
1 葫芦藓科 Funariaceae	1 葫芦藓属	1 葫芦藓 *Funaria hygrometrica*	野生
2 蕨类植物门 Pteridophyta			
2 卷柏科 Selaginellaceae	2 卷柏属	2 卷柏 *Selaginella tamariscina*	野生
		3 鹿角卷柏 *Selaginella rossii*	野生
		4 中华卷柏 *Selaginella sinensis*	野生
3 木贼科 Equisetaceae	3 木贼属	5 草问荆 *Equisetum pratense*	野生
		6 节节草 *Equisetum ramosissimum*	野生

科	属	种	来源
3 木贼科 Equisetaceae	3 木贼属	7 问荆 *Equisetum arvense*	野生
4 水龙骨科 Polypodiaceae	4 瓦韦属	8 瓦韦 *Lepisorus thunbergianus*	野生
		9 乌苏里瓦韦 *Lepisorus ussuriensis*	野生
	5 石韦属	10 有柄石韦 *Pyrrosia petiolosa*	野生
5 蘋科 Marsileaceae	6 蘋属	11 蘋 *Marsilea quadrifolia*	野生、建群
3 裸子植物门 Gymnospermae			
6 麻黄科 Ephedraceae	7 麻黄属	12 草麻黄 *Ephedra sinica*	野生
		13 木贼麻黄 *Ephedra equisetina*	野生
4 被子植物门 Angiospermae			
7 睡莲科 Nymphaeaceae	8 睡莲属	14 睡莲 *Nymphaea tetragona*	栽培、半自然
8 马兜铃科 Aristolochiaceae	9 马兜铃属	15 北马兜铃 *Aristolochia contorta*	野生
9 菖蒲科 Acoraceae	10 菖蒲属	16 菖蒲 *Acorus calamus*	栽培、建群、半自然
10 天南星科 Araceae	11 浮萍属	17 浮萍 *Lemna minor*	野生、建群
	12 紫萍属	18 紫萍 *Spirodela polyrhiza*	野生
11 泽泻科 Alismataceae	13 泽泻属	19 泽泻 *Alisma plantago-aquatica*	野生
	14 慈姑属	20 野慈姑 *Sagittaria trifolia*	野生
12 水鳖科 Hydrocharitaceae	15 黑藻属	21 黑藻 *Hydrilla verticillata*	野生、建群
	16 水鳖属	22 水鳖 *Hydrocharis dubia*	野生
	17 茨藻属	23 大茨藻 *Najas marina*	野生
		24 小茨藻 *Najas minor*	野生
	18 苦草属	25 苦草 *Vallisneria natans*	野生
13 水麦冬科 Juncaginaceae	19 水麦冬属	26 海韭菜 *Triglochin maritima*	野生
		27 水麦冬 *Triglochin palustris*	野生
14 眼子菜科 Potamogetonaceae	20 眼子菜属	28 穿叶眼子菜 *Potamogeton perfoliatus*	野生

科	属	种	来源
14 眼子菜科 Potamogetonaceae	20 眼子菜属	29 浮叶眼子菜 *Potamogeton natans*	野生
		30 小眼子菜 *Potamogeton pusillus*	野生
		31 竹叶眼子菜 *Potamogeton wrightii*	野生、建群
		32 菹草 *Potamogeton crispus*	野生、建群
	21 篦齿眼子菜属	33 篦齿眼子菜 *Stuckenia pectinata*	野生、建群
15 川蔓藻科 Ruppiaceae	22 川蔓藻属	34 川蔓藻 *Ruppia maritima*	野生
16 兰科 Orchidaceae	23 绶草属	35 绶草 *Spiranthes sinensis*	野生
17 鸢尾科 Iridaceae	24 鸢尾属	36 马蔺 *Iris lactea*	野生
		37 鸢尾 *Iris tectorum*	野生
		38 长白鸢尾 *Iris mandshurica*	野生
18 阿福花科 Asphodelaceae	25 萱草属	39 萱草 *Hemerocallis fulva*	野生
19 石蒜科 Amaryllidaceae	26 葱属	40 薤白 *Allium macrostemon*	野生
		41 野韭 *Allium ramosum*	野生
20 天门冬科 Asparagaceae	27 天门冬属	42 兴安天门冬 *Asparagus dauricus*	野生
21 鸭跖草科 Commelinaceae	28 鸭跖草属	43 鸭跖草 *Commelina communis*	野生
22 香蒲科 Typhaceae	29 香蒲属	44 东方香蒲 *Typha orientalis*	野生
		45 水烛 *Typha angustifolia*	野生
		46 无苞香蒲 *Typha laxmannii*	野生
		47 小香蒲 *Typha minima*	野生、建群
		48 长苞香蒲 *Typha domingensis*	野生
23 灯心草科 Juncaceae	30 灯心草属	49 灯心草 *Juncus effusus*	野生、建群
24 莎草科 Cyperaceae	31 薹草属	50 白颖薹草 *Carex duriuscula*	野生
		51 糙叶薹草 *Carex scabrifolia*	野生

科	属	种	来源
24 莎草科 Cyperaceae	31 薹草属	52 青绿薹草 *Carex breviculmis*	野生
		53 筛草 *Cyperaceae*	野生、建群
		54 翼果薹草 *Carex neurocarpa*	野生
	32 莎草属	55 褐穗莎草 *Cyperus fuscus*	野生
		56 水莎草 *Cyperus serotinus*	野生
		57 碎米莎草 *Cyperus iria*	野生
		58 头状穗莎草 *Cyperus glomeratus*	野生
		59 香附子 *Cyperus rotundus*	野生
		60 旋鳞莎草 *Cyperus michelianus*	野生
	33 荸荠属	61 具槽秆荸荠 *Eleocharis valleculosa*	野生
		62 牛毛毡 *Eleocharis yokoscensis*	野生
	34 飘拂草属	63 水虱草 *Fimbristylis littoralis*	野生
		64 烟台飘拂草 *Fimbristylis stauntonii*	野生
	35 水葱属	65 水葱 *Schoenoplectus tabernaemontani*	野生
		66 水毛花 *Schoenoplectus mucronatus* subsp. *robustus*	野生
		67 萤蔺 *Schoenoplectus juncoides*	野生
	36 藨草属	68 藨草 *Scirpus triqueter*	野生
25 禾本科 Poaceae	37 獐毛属	69 獐毛 *Aeluropus sinensis*	野生、建群
	38 剪股颖属	70 华北剪股颖 *Agrostis clavata*	野生
	39 看麦娘属	71 看麦娘 *Alopecurus aequalis*	野生
		72 日本看麦娘 *Alopecurus japonicus*	野生
	40 荩草属	73 荩草 *Arthraxon hispidus*	野生
		74 矛叶荩草 *Arthraxon lanceolatus*	野生
	41 芦竹属	75 芦竹 *Arundo donax*	栽培、半自然

科	属	种	来源
25 禾本科 Poaceae	42 茵草属	76 茵草 *Beckmannia syzigachne*	野生
	43 孔颖草属	77 白羊草 *Bothriochloa ischaemum*	野生
	44 雀麦属	78 雀麦 *Bromus japonicus*	野生
		79 疏花雀麦 *Bromus remotiflorus*	野生
	45 拂子茅属	80 大拂子茅 *Calamagrostis macrolepis*	野生
		81 拂子茅 *Calamagrostis epigeios*	野生、建群
		82 假苇拂子茅 *Calamagrostis pseudophragmites*	野生
	46 虎尾草属	83 虎尾草 *Chloris virgata*	野生
	47 隐花草属	84 隐花草 *Crypsis aculeata*	野生
	48 狗牙根属	85 狗牙根 *Cynodon dactylon*	野生、建群
	49 马唐属	86 毛马唐 *Digitaria ciliaris*	野生
		87 升马唐 *Digitaria ciliaris*	野生
		88 止血马唐 *Digitaria ischaemum*	野生
		89 紫马唐 *Digitaria violascens*	野生
	50 稗属	90 稗 *Echinochloa crus-galli*	野生
		91 无芒稗 *Echinochloa crus-galli* var. *mitis*	野生
		92 西来稗 *Echinochloa crus-galli* var. *zelayensis*	野生
		93 长芒稗 *Echinochloa caudata*	野生
	51 䅟属	94 牛筋草 *Eleusine indica*	野生
		95 柯孟披碱草 *Elymus kamoji*	野生
		96 日本纤毛草 *Elymus ciliaris*	野生
	52 画眉草属	97 大画眉草 *Eragrostis cilianensis*	野生
		98 画眉草 *Eragrostis pilosa*	野生
		99 秋画眉草 *Eragrostis autumnalis*	野生

科	属	种	来源
25 禾本科 Poaceae	52 画眉草属	100 小画眉草 *Eragrostis minor*	野生
		101 知风草 *Eragrostis ferruginea*	野生
	53 羊茅属	102 苇状羊茅 *Festuca arundinacea*	栽培
	54 牛鞭草属	103 大牛鞭草 *Hemarthria altissima*	野生
	55 白茅属	104 白茅 *Imperata cylindrica*	野生、建群
		105 丝茅 *Imperata cylindrica*	野生
	56 千金子属	106 千金子 *Leptochloa chinensis*	野生
		107 双稃草 *Leptochloa fusca*	野生
	57 赖草属	108 羊草 *Leymus chinensis*	野生
	58 臭草属	109 臭草 *Melica scabrosa*	野生
	59 芒属	110 荻 *Miscanthus sacchariflorus*	野生、建群
	60 黍属	111 细柄黍 *Panicum sumatrense*	野生
	61 狼尾草属	112 白草 *Pennisetum flaccidum*	野生
		113 狼尾草 *Pennisetum alopecuroides*	野生
	62 芦苇属	114 芦苇 *Phragmites australis*	野生、建群
	63 早熟禾属	115 白顶早熟禾 *Poa acroleuca*	外来
		116 硬质早熟禾 *Poa sphondylodes*	野生
		117 早熟禾 *Poa annua*	野生
	64 棒头草属	118 棒头草 *Polypogon fugax*	野生
		119 长芒棒头草 *Polypogon monspeliensis*	野生
	65 碱茅属	120 鹤甫碱茅 *Puccinellia hauptiana*	野生
		121 星星草 *Puccinellia tenuiflora*	野生
	66 硬草属	122 硬草 *Sclerochloa dura*	野生
	67 狗尾草属	123 大狗尾草 *Setaria faberii*	野生

科	属	种	来源
25 禾本科 Poaceae	67 狗尾草属	124 狗尾草 *Setaria viridis*	野生
		125 金色狗尾草 *Setaria pumila*	野生
	68 米草属	126 大米草 *Spartina anglica*	入侵
		127 互花米草 *Spartina alterniflora*	入侵、建群
	69 鼠尾粟属	128 鼠尾粟 *Sporobolus fertilis*	野生
	70 锋芒草属	129 锋芒草 *Tragus mongolorum*	野生
		130 虱子草 *Tragus berteronianus*	野生
	71 结缕草属	131 结缕草 *Zoysia japonica*	野生、栽培
26 金鱼藻科 Ceratophyllaceae	72 金鱼藻属	132 金鱼藻 *Ceratophyllum demersum*	野生
27 罂粟科 Papaveraceae	73 紫堇属	133 地丁草 *Corydalis bungeana*	野生
		134 小药八旦子 *Corydalis caudata*	野生
28 毛茛科 Ranunculaceae	74 碱毛茛属	135 碱毛茛 *Halerpestes sarmentosa*	野生
	75 白头翁属	136 白头翁 *Pulsatilla chinensis*	野生
	76 毛茛属	137 茴茴蒜 *Ranunculus chinensis*	野生
		138 石龙芮 *Ranunculus sceleratus*	野生
		139 扬子毛茛 *Ranunculus sieboldii*	野生
29 莲科 Nelumbonaceae	77 莲属	140 莲 *Nelumbo nucifera*	栽培、半自然
30 景天科 Crassulaceae	78 瓦松属	141 瓦松 *Orostachys fimbriata*	野生
	79 费菜属	142 费菜 *Phedimus aizoon*	野生
31 小二仙草科 Haloragaceae	80 狐尾藻属	143 狐尾藻 *Myriophyllum verticillatum*	野生、建群
		144 穗状狐尾藻 *Myriophyllum spicatum*	野生
32 葡萄科 Vitaceae	81 乌蔹莓属	145 乌蔹莓 *Cayratia japonica*	野生
	82 地锦属	146 地锦 *Parthenocissus tricuspidata*	栽培
33 蒺藜科 Zygophyllaceae	83 蒺藜属	147 蒺藜 *Tribulus terrestris*	野生

科	属	种	来源
34 豆科 Fabaceae	84 紫穗槐属	148 紫穗槐 Amorpha fruticosa	外来、栽培、半自然
	85 两型豆属	149 两型豆 Amphicarpaea edgeworthii	野生
	86 落花生属	150 落花生 Arachis hypogaea	外来、栽培
	87 黄芪属	151 糙叶黄芪 Astragalus scaberrimus	野生
		152 达乌里黄芪 Astragalus dahuricus	野生
		153 华黄芪 Astragalus chinensis	野生
		154 蒙古黄芪 Astragalus mongholicus	野生
		155 斜茎黄芪 Astragalus laxmannii	野生
	88 大豆属	156 野大豆 Glycine soja	野生、建群、珍稀
	89 甘草属	157 刺果甘草 Glycyrrhiza pallidiflora	野生
		158 甘草 Glycyrrhiza uralensis	野生
	90 米口袋属	159 少花米口袋 Gueldenstaedtia verna	野生
	91 鸡眼草属	160 鸡眼草 Kummerowia striata	野生
		161 长萼鸡眼草 Kummerowia stipulacea	野生
	92 胡枝子属	162 达呼里胡枝子 Lespedeza daurica	野生
		163 胡枝子 Lespedeza bicolor	野生
	93 苜蓿属	164 天蓝苜蓿 Medicago lupulina	野生
	94 草木樨属	165 白花草木樨 Melilotus albus	野生
		166 草木樨 Melilotus officinalis	野生
		167 细齿草木樨 Melilotus dentatus	野生
		168 印度草木樨 Melilotus indicus	入侵
	95 含羞草属	169 含羞草 Mimosa pudica	外来、栽培、半自然
	96 棘豆属	170 二色棘豆 Oxytropis bicolor	野生
	97 蔓黄芪属	171 蔓黄芪 Phyllolobium chinense	野生

科	属	种	来源
34 豆科 Fabaceae	98 刺槐属	172 刺槐 *Robinia pseudoacacia*	外来、栽培、 半自然
	99 车轴草属	173 白车轴草 *Trifolium repens*	野生
		174 红车轴草 *Trifolium pratense*	外来、栽培
	100 野豌豆属	175 大花野豌豆 *Vicia bungei*	野生
		176 救荒野豌豆 *Vicia sativa*	野生
	101 紫藤属	177 藤萝 *Wisteria villosa*	野生
		178 紫藤 *Wisteria sinensis*	野生
35 蔷薇科 Rosaceae	102 龙芽草属	179 龙芽草 *Agrimonia pilosa*	野生
	103 枸子属	180 西北枸子 *Cotoneaster zabelii*	野生、建群、 珍稀
	104 委陵菜属	181 朝天委陵菜 *Potentilla supina*	野生
		182 翻白草 *Potentilla discolor*	野生
		183 绢毛匍匐委陵菜 *Potentilla reptans*	野生
		184 匍枝委陵菜 *Potentilla flagellaris*	野生
		185 委陵菜 *Potentilla chinensis*	野生
	105 地榆属	186 地榆 *Sanguisorba officinalis*	野生
36 胡颓子科 Elaeagnaceae	106 胡颓子属	187 沙枣 *Elaeagnus angustifolia*	野生
37 鼠李科 Rhamnaceae	107 枣属	188 酸枣 *Ziziphus jujuba*	野生
		189 枣 *Ziziphus jujuba*	野生
38 榆科 Ulmaceae	108 榆属	190 春榆 *Ulmus davidiana*	野生
		191 榆 *Ulmus pumila*	野生
39 大麻科 Cannabaceae	109 葎草属	192 葎草 *Humulus scandens*	入侵
40 桑科 Moraceae	110 构属	193 构树 *Broussonetia papyrifera*	外来、栽培、 半自然
	111 橙桑属	194 柘 *Maclura tricuspidata*	野生
	112 桑属	195 桑 *Morus alba*	野生

科	属	种	来源
41 葫芦科 Cucurbitaceae	113 盒子草属	196 盒子草 *Actinostemma tenerum*	野生
	114 假贝母属	197 假贝母 *Bolbostemma paniculatum*	野生
	115 栝楼属	198 栝楼 *Trichosanthes kirilowii*	野生、栽培
42 卫矛科 Celastraceae	116 卫矛属	199 扶芳藤 *Euonymus fortunei*	栽培、半自然
43 酢浆草科 Oxalidaceae	117 酢浆草属	200 酢浆草 *Oxalis corniculata*	栽培、半自然
44 堇菜科 Violaceae	118 堇菜属	201 阴地堇菜 *Viola yezoensis*	野生
		202 早开堇菜 *Viola prionantha*	野生
		203 紫花地丁 *Viola philippica*	野生
45 杨柳科 Salicaceae	119 杨属	204 八里庄杨 *Populus × Xiaozhuanica*	栽培、建群、半自然
		205 加拿大杨 *Populus × canadensis*	外来、栽培、建群、半自然
		206 毛白杨 *Populus tomentosa*	栽培、半自然
	120 柳属	207 簸箕柳 *Salix suchowensis*	野生、建群
		208 垂柳 *Salix babylonica*	野生、建群
		209 旱柳 *Salix matsudana*	野生、建群
		210 杞柳 *Salix integra*	野生、建群
46 大戟科 Euphorbiaceae	121 铁苋菜属	211 铁苋菜 *Acalypha australis*	野生
	122 大戟属	212 斑地锦 *Euphorbia maculata*	外来
		213 地锦草 *Euphorbia humifusa*	野生
		214 乳浆大戟 *Euphorbia esula*	野生
		215 泽漆 *Euphorbia helioscopia*	野生
47 牻牛儿苗科 Geraniaceae	123 牻牛儿苗属	216 牻牛儿苗 *Erodium stephanianum*	野生
	124 老鹳草属	217 野老鹳草 *Geranium carolinianum*	入侵
48 柳叶菜科 Onagraceae	125 山桃草属	218 小花山桃草 *Gaura parviflora*	入侵
	126 月见草属	219 海边月见草 *Oenothera drummondii*	外来、栽培、半自然

科	属	种	来源
49 白刺科 Nitrariaceae	127 白刺属	220 小果白刺 *Nitraria sibirica*	野生、建群
50 无患子科 Sapindaceae	128 槭属	221 鸡爪槭 *Acer palmatum*	栽培、半自然
		222 三角槭 *Acer buergerianum*	栽培、半自然
		223 五角枫 *Acer pictum*	栽培、半自然
		224 元宝槭 *Acer truncatum*	栽培、半自然
	129 栾属	225 栾树 *Koelreuteria paniculata*	栽培、半自然
51 苦木科 Simaroubaceae	130 臭椿属	226 臭椿 *Ailanthus altissima*	野生
52 楝科 Meliaceae	131 楝属	227 楝 *Melia azedarach*	栽培、半自然
53 锦葵科 Malvaceae	132 苘麻属	228 苘麻 *Abutilon theophrasti*	外来、半自然
	133 木槿属	229 木槿 *Hibiscus syriacus*	栽培、半自然
		230 野西瓜苗 *Hibiscus trionum*	入侵
	134 锦葵属	231 野葵 *Malva verticillata*	野生
54 十字花科 Brassicaceae	135 南芥属	232 硬毛南芥 *Arabis hirsuta*	野生
	136 亚麻荠属	233 小果亚麻荠 *Camelina microcarpa*	野生
	137 荠属	234 荠菜 *Capsella bursa-pastoris*	野生
	138 碎米荠属	235 碎米荠 *Cardamine hirsuta*	野生
	139 播娘蒿属	236 播娘蒿 *Descurainia sophia*	野生
	140 葶苈属	237 葶苈 *Draba nemorosa*	野生
	141 糖芥属	238 小花糖芥 *Erysimum cheiranthoides*	野生
	142 独行菜属	239 北美独行菜 *Lepidium virginicum*	外来
		240 独行菜 *Lepidium apetalum*	野生
		241 宽叶独行菜 *Lepidium latifolium*	野生
	143 涩芥属	242 涩荠 *Malcolmia africana*	野生
	144 诸葛菜属	243 诸葛菜 *Orychophragmus violaceus*	野生

科	属	种	来源
54 十字花科 Brassicaceae	145 蔊菜属	244 风花菜 *Rorippa globosa*	野生
		245 广州蔊菜 *Rorippa cantoniensis*	野生
		246 蔊菜 *Rorippa indica*	野生
		247 无瓣蔊菜 *Rorippa dubia*	野生
		248 沼生蔊菜 *Rorippa palustris*	野生
	146 盐芥属	249 盐芥 *Thellungiella salsuginea*	野生
	147 菥蓂属	250 菥蓂 *Thlaspi arvense*	野生
55 柽柳科 Tamaricaceae	148 柽柳属	251 柽柳 *Tamarix chinensis*	野生、建群
		252 多枝柽柳 *Tamarix ramosissima*	野生
		253 甘蒙柽柳 *Tamarix austromongolica*	野生
		254 刚毛柽柳 *Tamarix hispida*	野生
56 白花丹科 Plumbaginaceae	149 补血草属	255 补血草 *Limonium sinense*	野生、建群
		256 二色补血草 *Limonium bicolor*	野生、建群、珍稀
		257 烟台补血草 *Limonium franchetii*	野生
57 蓼科 Polygonaceae	150 萹蓄属	258 丛枝蓼 *Polygonum posumbu*	野生
		259 杠板归 *Polygonum perfoliatum*	野生
		260 红蓼 *Polygonum orientale*	野生
		261 两栖蓼 *Polygonum amphibium*	野生
		262 绵毛酸模叶蓼 *Polygonum lapathifolium* var. *salicifolium*	野生
		263 水蓼 *Polygonum hydropiper*	野生、建群
		264 酸模叶蓼 *Polygonum lapathifolium*	野生
		265 西伯利亚蓼 *Polygonum sibiricum*	野生
		266 习见蓼 *Polygonum plebeium*	野生
	151 虎杖属	267 虎杖 *Reynoutria japonica*	野生

科	属	种	来源
57 蓼科 Polygonaceae	152 酸模属	268 巴天酸模 *Rumex patientia*	野生
		269 齿果酸模 *Rumex dentatus*	野生
		270 刺酸模 *Rumex maritimus*	野生
		271 黑龙江酸模 *Rumex amurensis*	野生
		272 酸模 *Rumex acetosa*	野生
		273 羊蹄 *Rumex japonicus*	野生
58 石竹科 Caryophyllaceae	153 鹅肠菜属	274 鹅肠菜 *Myosoton aquaticum*	野生
	154 蝇子草属	275 麦瓶草 *Silene conoidea*	野生
	155 牛漆姑属	276 拟漆姑 *Spergularia marina*	野生
	156 繁缕属	277 繁缕 *Stellaria media*	野生
59 苋科 Amaranthaceae	157 牛膝属	278 牛膝 *Achyranthes bidentata*	野生
	158 莲子草属	279 喜旱莲子草 *Alternanthera philoxeroides*	入侵、建群、半自然
	159 苋属	280 凹头苋 *Amaranthus blitum*	外来、半自然
		281 北美苋 *Amaranthus blitoides*	外来、半自然
		282 反枝苋 *Amaranthus retroflexus*	入侵、半自然
		283 合被苋 *Amaranthus polygonoides*	入侵、半自然
		284 老鸦谷 *Amaranthus cruentus*	入侵、半自然
		285 绿穗苋 *Amaranthus hybridus*	外来、半自然
		286 千穗谷 *Amaranthus hypochondriacus*	外来、栽培、半自然
		287 苋 *Amaranthus tricolor*	外来、栽培、半自然
		288 皱果苋 *Amaranthus viridis*	入侵、半自然
	160 滨藜属	289 滨藜 *Atriplex patens*	野生
		290 中亚滨藜 *Atriplex centralasiatica*	野生
	161 青葙属	291 青葙 *Celosia argentea*	野生

科	属	种	来源
59 苋科 Amaranthaceae	162 藜属	292 东亚市藜 *Chenopodium urbicum*	野生
		293 灰绿藜 *Chenopodium glaucum*	野生
		294 尖头叶藜 *Chenopodium acuminatum*	野生
		295 藜 *Chenopodium album*	野生
		296 小藜 *Chenopodium ficifolium*	野生
	163 虫实属	297 毛果绳虫实 *Corispermum tylocarpum*	野生
	164 地肤属	298 地肤 *Kochia scoparia*	野生
		299 碱地肤 *Kochia scoparia*	野生
	165 盐角草属	300 盐角草 *Salicornia europaea*	野生
	166 碱猪毛菜属	301 刺沙蓬 *Salsola tragus*	野生
		302 无翅猪毛菜 *Salsola komarovii*	野生
		303 猪毛菜 *Salsola collina*	野生
	167 碱蓬属	304 碱蓬 *Suaeda glauca*	野生、建群
		305 盐地碱蓬 *Suaeda salsa*	野生、建群
60 商陆科 Phytolaccaceae	168 商陆属	306 垂序商陆 *Phytolacca americana*	外来、半自然
61 马齿苋科 Portulacaceae	169 马齿苋属	307 马齿苋 *Portulaca oleracea*	野生
62 柿科 Ebenaceae	170 柿属	308 柿 *Diospyros kaki*	栽培、半自然
63 报春花科 Primulaceae	171 点地梅属	309 点地梅 *Androsace umbellata*	野生
	172 珍珠菜属	310 滨海珍珠菜 *Lysimachia mauritiana*	野生
		311 狭叶珍珠菜 *Lysimachia pentapetala*	野生
64 茜草科 Rubiaceae	173 拉拉藤属	312 蓬子菜 *Galium verum*	野生
		313 四叶葎 *Galium bungei*	野生
		314 猪殃殃 *Galium spurium*	野生
	174 茜草属	315 卵叶茜草 *Rubia ovatifolia*	野生

科	属	种	来源
64 茜草科 Rubiaceae	174 茜草属	316 茜草 *Rubia cordifolia*	野生
		317 山东茜草 *Rubia truppeliana*	野生
65 夹竹桃科 Apocynaceae	175 罗布麻属	318 罗布麻 *Apocynum venetum*	野生、建群
	176 鹅绒藤属	319 鹅绒藤 *Cynanchum chinense*	野生
	177 萝藦属	320 萝藦 *Metaplexis japonica*	野生
66 紫草科 Boraginaceae	178 斑种草属	321 斑种草 *Bothriospermum chinense*	野生
		322 多苞斑种草 *Bothriospermum secundum*	野生
	179 鹤虱属	323 鹤虱 *Lappula myosotis*	野生
	180 紫草属	324 田紫草 *Lithospermum arvense*	野生
	181 附地菜属	325 附地菜 *Trigonotis peduncularis*	野生
67 旋花科 Convolvulaceae	182 打碗花属	326 打碗花 *Calystegia hederacea*	野生
		327 肾叶打碗花 *Calystegia soldanella*	野生
		328 藤长苗 *Calystegia pellita*	野生
		329 旋花 *Calystegia sepium*	野生
	183 旋花属	330 田旋花 *Convolvulus arvensis*	野生
	184 菟丝子属	331 南方菟丝子 *Cuscuta australis*	野生
		332 菟丝子 *Cuscuta chinensis*	野生
	185 番薯属	333 瘤梗番薯 *Ipomoea lacunosa*	入侵
		334 茑萝松 *Ipomoea quamoclit*	外来、栽培、半自然
		335 牵牛 *Ipomoea nil*	外来、栽培、半自然
		336 圆叶牵牛 *Ipomoea purpurea*	入侵、半自然
68 茄科 Solanaceae	186 酸浆属	337 挂金灯 *Alkekengi officinarum* var. *franchetii*	野生
	187 曼陀罗属	338 曼陀罗 *Datura stramonium*	入侵、半自然
		339 毛曼陀罗 *Datura innoxia*	入侵、半自然

科	属	种	来源
68 茄科 Solanaceae	187 曼陀罗属	340 洋金花 *Datura metel*	入侵、半自然
	188 枸杞属	341 枸杞 *Lycium chinense*	野生
	189 茄属	342 龙葵 *Solanum nigrum*	野生
69 木樨科 Oleaceae	190 连翘属	343 连翘 *Forsythia suspensa*	栽培、半自然
	191 梣属	344 白蜡树 *Fraxinus chinensis*	栽培、半自然
	192 女贞属	345 女贞 *Ligustrum lucidum*	栽培、半自然
	193 丁香属	346 白丁香 *Syringa oblata*	栽培、半自然
		347 紫丁香 *Syringa oblata*	栽培、半自然
70 车前科 Plantaginaceae	194 柳穿鱼属	348 柳穿鱼 *Linaria vulgaris* subsp. *sinensis*	野生
	195 车前属	349 车前 *Plantago asiatica*	野生
		350 大车前 *Plantago major*	野生
		351 平车前 *Plantago depressa*	野生
		352 长叶车前 *Plantago lanceolata*	外来
	196 婆婆纳属	353 婆婆纳 *Veronica polita*	外来、半自然
71 紫葳科 Bignoniaceae	197 梓属	354 楸 *Catalpa bungei*	栽培、半自然
		355 梓 *Catalpa ovata*	栽培、半自然
72 唇形科 Lamiaceae	198 筋骨草属	356 多花筋骨草 *Ajuga multiflora*	野生
	199 夏至草属	357 夏至草 *Lagopsis supina*	野生
	200 野芝麻属	358 宝盖草 *Lamium amplexicaule*	野生
	201 益母草属	359 益母草 *Leonurus japonicus*	野生
		360 錾菜 *Leonurus pseudomacranthus*	野生
	202 地笋属	361 地笋 *Lycopus lucidus*	野生
		362 硬毛地笋 *Lycopus lucidus*	野生
	203 薄荷属	363 薄荷 *Mentha canadensis*	野生

科	属	种	来源
72 唇形科 Lamiaceae	204 鼠尾草属	364 荔枝草 *Salvia plebeia*	野生
	205 水苏属	365 毛水苏 *Stachys baicalensis*	野生
		366 水苏 *Stachys japonica*	野生
73 通泉草科 Mazaceae	206 通泉草属	367 通泉草 *Mazus pumilus*	野生
74 泡桐科 Paulowniaceae	207 泡桐属	368 兰考泡桐 *Paulownia elongata*	栽培、半自然
		369 毛泡桐 *Paulownia tomentosa*	栽培、半自然
75 列当科 Orobanchaceae	208 列当属	370 黄花列当 *Orobanche pycnostachya*	野生
		371 列当 *Orobanche coerulescens*	野生
	209 地黄属	372 地黄 *Rehmannia glutinosa*	野生
76 睡菜科 Menyanthaceae	210 荇菜属	373 荇菜 *Nymphoides peltata*	野生、建群
77 菊科 Asteraceae	211 蒿属	374 艾 *Artemisia argyi*	野生
		375 大籽蒿 *Artemisia sieversiana*	野生
		376 红足蒿 *Artemisia rubripes*	野生
		377 黄花蒿 *Artemisia annua*	野生
		378 青蒿 *Artemisia caruifolia*	野生
		379 莳萝蒿 *Artemisia anethoides*	野生
		380 五月艾 *Artemisia indica*	野生
		381 野艾蒿 *Artemisia lavandulifolia*	野生
		382 茵陈蒿 *Artemisia capillaris*	野生、建群
		383 猪毛蒿 *Artemisia scoparia*	野生
	212 紫菀属	384 阿尔泰狗娃花 *Aster altaicus*	野生
		385 狗娃花 *Aster hispidus*	野生
		386 马兰 *Aster indicus*	野生
		387 全叶马兰 *Aster pekinensis*	野生

科	属	种	来源
77 菊科 Asteraceae	212 紫菀属	388 钻叶紫菀 *Aster subulatus*	入侵、半自然
	213 鬼针草属	389 大狼杷草 *Bidens frondosa*	外来、半自然
		390 鬼针草 *Bidens pilosa*	外来
		391 金盏银盘 *Bidens biternata*	野生
		392 狼杷草 *Bidens tripartita*	野生
		393 婆婆针 *Bidens bipinnata*	野生
		394 小花鬼针草 *Bidens parviflora*	野生
		395 扁秆荆三棱 *Bolboschoenus planiculmis*	野生
		396 荆三棱 *Bolboschoenus yagara*	野生
	214 石胡荽属	397 石胡荽 *Centipeda minima*	野生
	215 菊属	398 野菊 *Chrysanthemum indicum*	野生
	216 菊苣属	399 菊苣 *Cichorium intybus*	外来
	217 蓟属	400 刺儿菜 *Cirsium arvense*	野生
		401 蓟 *Cirsium japonicum*	野生
	218 假还阳参属	402 尖裂假还阳参 *Crepidiastrum sonchifolium*	野生
	219 鳢肠属	403 鳢肠 *Eclipta prostrata*	野生
	220 飞蓬属	404 香丝草 *Erigeron bonariensis*	入侵、半自然
		405 小蓬草 *Erigeron canadensis*	入侵、半自然
		406 一年蓬 *Erigeron annuus*	入侵、半自然
	221 泽兰属	407 佩兰 *Eupatorium fortunei*	野生
	222 牛膝菊属	408 牛膝菊 *Galinsoga parviflora*	外来
	223 茼蒿属	409 茼蒿 *Glebionis coronaria*	栽培
	224 向日葵属	410 菊芋 *Helianthus tuberosus*	外来、栽培、半自然
	225 泥胡菜属	411 泥胡菜 *Hemisteptia lyrata*	野生

科	属	种	来源
77 菊科 Asteraceae	226 旋覆花属	412 欧亚旋覆花 *Inula britannica*	野生
		413 线叶旋覆花 *Inula linariifolia*	野生
		414 旋覆花 *Inula japonica*	野生
	227 苦荬菜属	415 苦荬菜 *Ixeris polycephala*	野生
		416 沙苦荬菜 *Ixeris repens*	野生
		417 中华苦荬菜 *Ixeris chinensis*	野生
	228 莴苣属	418 翅果菊 *Lactuca indica*	野生
		419 乳苣 *Lactuca tatarica*	野生
	229 猬菊属	420 刺疙瘩 *Olgaea tangutica*	野生
	230 鸦葱属	421 蒙古鸦葱 *Scorzonera mongolica*	野生、建群
		422 鸦葱 *Scorzonera austriaca*	野生
	231 苦苣菜属	423 花叶滇苦菜 *Sonchus asper*	野生
		424 苣荬菜 *Sonchus wightianus*	野生
		425 苦苣菜 *Sonchus oleraceus*	野生
		426 长裂苦苣菜 *Sonchus brachyotus*	野生
	232 蒲公英属	427 白缘蒲公英 *Taraxacum platypecidum*	野生
		428 蒲公英 *Taraxacum mongolicum*	野生
	233 碱菀属	429 碱菀 *Tripolium pannonicum*	野生
	234 苍耳属	430 苍耳 *Xanthium strumarium*	野生
	235 黄鹌菜属	431 黄鹌菜 *Youngia japonica*	野生
78 伞形科 Apiaceae	236 蛇床属	432 滨蛇床 *Cnidium japonicum*	野生
		433 蛇床 *Cnidium monnieri*	野生
	237 胡萝卜属	434 野胡萝卜 *Daucus carota*	入侵、半自然
	238 珊瑚菜属	435 珊瑚菜 *Glehnia littoralis*	野生

科	属	种	来源
78 伞形科 Apiaceae	239 水芹属	436 水芹 *Oenanthe javanica*	野生
	240 防风属	437 防风 *Saposhnikovia divaricata*	野生
	241 窃衣属	438 小窃衣 *Torilis japonica*	野生
		439 砂引草 *Tournefortia sibirica*	野生
		440 细叶砂引草 *Tournefortia sibirica*	野生

二、植物拉丁名、中文名对照

Abutilon theophrasti	苘麻	*Alternanthera philoxeroides*	喜旱莲子草
Acalypha australis	铁苋菜	*Amaranthus blitoides*	北美苋
Acer buergerianum	三角槭	*Amaranthus blitum*	凹头苋
Acer palmatum	鸡爪槭	*Amaranthus cruentus*	老鸦谷
Acer pictum	五角枫	*Amaranthus hybridus*	绿穗苋
Acer truncatum	元宝槭	*Amaranthus hypochondriacus*	千穗谷
Achyranthes bidentata	牛膝	*Amaranthus polygonoides*	合被苋
Acorus calamus	菖蒲	*Amaranthus retroflexus*	反枝苋
Actinostemma tenerum	盒子草	*Amaranthus tricolor*	苋
Aeluropus sinensis	獐毛	*Amaranthus viridis*	皱果苋
Agrimonia pilosa	龙芽草	*Amorpha fruticosa*	紫穗槐
Agrostis clavata	华北剪股颖	*Amphicarpaea edgeworthii*	两型豆
Ailanthus altissima	臭椿	*Androsace umbellata*	点地梅
Ajuga multiflora	多花筋骨草	*Apocynum venetum*	罗布麻
Alisma plantago-aquatica	泽泻	*Arabis hirsuta*	硬毛南芥
Alkekengi officinarum	挂金灯	*Arachis hypogaea*	落花生
Allium macrostemon	薤白	*Aristolochia contorta*	北马兜铃
Allium ramosum	野韭	*Artemisia anethoides*	莳萝蒿
Alopecurus aequalis	看麦娘	*Artemisia annua*	黄花蒿
Alopecurus japonicus	日本看麦娘	*Artemisia argyi*	艾

Artemisia capillaris	茵陈蒿	*Bolbostemma paniculatum*	假贝母
Artemisia caruifolia	青蒿	*Bothriochloa ischaemum*	白羊草
Artemisia indica	五月艾	*Bothriospermum chinense*	斑种草
Artemisia lavandulifolia	野艾蒿	*Bothriospermum secundum*	多苞斑种草
Artemisia rubripes	红足蒿	*Bromus japonicus*	雀麦
Artemisia scoparia	猪毛蒿	*Bromus remotiflorus*	疏花雀麦
Artemisia sieversiana	大籽蒿	*Broussonetia papyrifera*	构树
Arthraxon hispidus	荩草	*Calamagrostis epigeios*	拂子茅
Arthraxon lanceolatus	矛叶荩草	*Calamagrostis macrolepis*	大拂子茅
Arundo donax	芦竹	*Calamagrostis pseudophragmites*	假苇拂子茅
Asparagus dauricus	兴安天门冬	*Calystegia hederacea*	打碗花
Aster altaicus	阿尔泰狗娃花	*Calystegia pellita*	藤长苗
Aster hispidus	狗娃花	*Calystegia sepium*	旋花
Aster indicus	马兰	*Calystegia soldanella*	肾叶打碗花
Aster pekinensis	全叶马兰	*Camelina microcarpa*	小果亚麻荠
Aster subulatus	钻叶紫菀	*Capsella bursa-pastoris*	荠菜
Astragalus chinensis	华黄芪	*Cardamine hirsuta*	碎米荠
Astragalus dahuricus	达乌里黄芪	*Carex breviculmis*	青绿薹草
Astragalus laxmannii	斜茎黄芪	*Carex duriuscula*	白颖苔草
Astragalus mongholicus	蒙古黄芪	*Carex kobomugi*	筛草
Astragalus scaberrimus	糙叶黄芪	*Carex neurocarpa*	翼果薹草
Atriplex centralasiatica	中亚滨藜	*Carex scabrifolia*	糙叶苔草
Atriplex patens	滨藜	*Catalpa bungei*	楸
Beckmannia syzigachne	菵草	*Catalpa ovata*	梓
Bidens bipinnata	婆婆针	*Cayratia japonica*	乌蔹莓
Bidens biternata	金盏银盘	*Celosia argentea*	青葙
Bidens frondosa	大狼杷草	*Centipeda minima*	石胡荽
Bidens parviflora	小花鬼针草	*Ceratophyllum demersum*	金鱼藻
Bidens pilosa	鬼针草	*Chenopodium acuminatum*	尖头叶藜
Bidens tripartita	狼杷草	*Chenopodium album*	藜
Bolboschoenus planiculmis	扁秆荆三棱	*Chenopodium ficifolium*	小藜
Bolboschoenus yagara	荆三棱	*Chenopodium glaucum*	灰绿藜

Chenopodium urbicum	东亚市藜	*Digitaria ciliaris*	毛马唐
Chloris virgata	虎尾草	*Digitaria ischaemum*	止血马唐
Chrysanthemum indicum	野菊	*Digitaria violascens*	紫马唐
Cichorium intybus	菊苣	*Diospyros kaki*	柿
Cirsium arvense	刺儿菜	*Draba nemorosa*	葶苈
Cirsium japonicum	蓟	*Echinochloa caudata*	长芒稗
Cnidium japonicum	滨蛇床	*Echinochloa crus-galli*	稗
Cnidium monnieri	蛇床	*Echinochloa crus-galli*	无芒稗
Commelina communis	鸭跖草	*Echinochloa crus-galli*	西来稗
Convolvulus arvensis	田旋花	*Eclipta prostrata*	鳢肠
Corispermum tylocarpum	毛果绳虫实	*Elaeagnus angustifolia*	沙枣
Corydalis bungeana	地丁草	*Eleocharis valleculosa*	刚毛荸荠
Corydalis caudata	小药八旦子	*Eleocharis yokoscensis*	牛毛毡
Cotoneaster zabelii	西北栒子	*Eleusine indica*	牛筋草
Crepidiastrum sonchifolium	尖裂假还阳参	*Elymus ciliaris* var. *hackelianus*	日本纤毛草
Crypsis aculeata	隐花草	*Elymus kamoji*	柯孟披碱草
Cuscuta australis	南方菟丝子	*Ephedra equisetina*	木贼麻黄
Cuscuta chinensis	菟丝子	*Ephedra sinica*	草麻黄
Cynanchum chinense	鹅绒藤	*Equisetum arvense*	问荆
Cynodon dactylon	狗牙根	*Equisetum pratense*	草问荆
Cyperus fuscus	褐穗莎草	*Equisetum ramosissimum*	节节草
Cyperus glomeratus	头状穗莎草	*Eragrostis autumnalis*	秋画眉草
Cyperus iria	碎米莎草	*Eragrostis cilianensis*	大画眉草
Cyperus michelianus	旋鳞莎草	*Eragrostis ferruginea*	知风草
Cyperus rotundus	香附子	*Eragrostis minor*	小画眉草
Cyperus serotinus	水莎草	*Eragrostis pilosa*	画眉草
Datura innoxia	毛曼陀罗	*Erigeron annuus*	一年蓬
Datura metel	洋金花	*Erigeron bonariensis*	香丝草
Datura stramonium	曼陀罗	*Erigeron canadensis*	小蓬草
Daucus carota	野胡萝卜	*Erodium stephanianum*	牻牛儿苗
Descurainia sophia	播娘蒿	*Erysimum cheiranthoides*	小花糖芥
Digitaria ciliaris	升马唐	*Euonymus fortunei*	扶芳藤

Eupatorium fortunei	佩兰	*Hydrocharis dubia*	水鳖
Euphorbia esula	乳浆大戟	*Imperata cylindrica*	白茅
Euphorbia helioscopia	泽漆	*Imperata cylindrica*	丝茅
Euphorbia humifusa	地锦草	*Inula britannica*	欧亚旋覆花
Euphorbia maculata	斑地锦	*Inula japonica*	旋覆花
Festuca arundinacea	苇状羊茅	*Inula linariifolia*	线叶旋覆花
Fimbristylis littoralis	水虱草	*Ipomoea lacunosa*	瘤梗番薯
Fimbristylis stauntonii	烟台飘拂草	*Ipomoea nil*	牵牛
Forsythia suspensa	连翘	*Ipomoea purpurea*	圆叶牵牛
Fraxinus chinensis	白蜡树	*Ipomoea quamoclit*	茑萝松
Funaria hygrometrica	葫芦藓	*Iris lactea*	马蔺
Galinsoga parviflora	牛膝菊	*Iris mandshurica*	长白鸢尾
Galium bungei	四叶葎	*Iris tectorum*	鸢尾
Galium spurium	猪殃殃	*Ixeris chinensis*	中华苦荬菜
Galium verum	蓬子菜	*Ixeris polycephala*	苦荬菜
Gaura parviflora	小花山桃草	*Ixeris repens*	沙苦荬菜
Geranium carolinianum	野老鹳草	*Juncus effusus*	灯心草
Glebionis coronaria	茼蒿	*Kochia scoparia*	地肤
Glehnia littoralis	珊瑚菜	*Kochia scoparia*	碱地肤
Glycine soja	野大豆	*Koelreuteria paniculata*	栾树
Glycyrrhiza pallidiflora	刺果甘草	*Kummerowia stipulacea*	长萼鸡眼草
Glycyrrhiza uralensis	甘草	*Kummerowia striata*	鸡眼草
Gueldenstaedtia verna	少花米口袋	*Lactuca indica*	翅果菊
Halerpestes sarmentosa	碱毛茛	*Lactuca tatarica*	乳苣
Helianthus tuberosus	菊芋	*Lagopsis supina*	夏至草
Hemarthria altissima	大牛鞭草	*Lamium amplexicaule*	宝盖草
Hemerocallis fulva	萱草	*Lappula myosotis*	鹤虱
Hemisteptia lyrata	泥胡菜	*Lemna minor*	浮萍
Hibiscus syriacus	木槿	*Leonurus japonicus*	益母草
Hibiscus trionum	野西瓜苗	*Leonurus pseudomacranthus*	錾菜
Humulus scandens	葎草	*Lepidium apetalum*	独行菜
Hydrilla verticillata	黑藻	*Lepidium latifolium*	宽叶独行菜

Lepidium virginicum	北美独行菜	Metaplexis japonica	萝藦
Lepisorus thunbergianus	瓦韦	Mimosa pudica	含羞草
Lepisorus ussuriensis	乌苏里瓦韦	Miscanthus sacchariflorus	荻
Leptochloa chinensis	千金子	Morus alba	桑
Leptochloa fusca	双稃草	Myosoton aquaticum	鹅肠菜
Lespedeza bicolor	胡枝子	Myriophyllum spicatum	穗状狐尾藻
Lespedeza daurica	达呼里胡枝子	Myriophyllum verticillatum	狐尾藻
Leymus chinensis	羊草	Najas marina	大茨藻
Ligustrum lucidum	女贞	Najas minor	小茨藻
Limonium bicolor	二色补血草	Nelumbo nucifera	莲
Limonium franchetii	烟台补血草	Nitraria sibirica	小果白刺
Limonium sinense	补血草	Nymphaea tetragona	睡莲
Linaria vulgaris	柳穿鱼	Nymphoides peltata	荇菜
Lithospermum arvense	田紫草	Oenanthe javanica	水芹
Lycium chinense	枸杞	Oenothera drummondii	海边月见草
Lycopus lucidus	地笋	Olgaea tangutica	刺疙瘩
Lycopus lucidus	硬毛地笋	Orobanche coerulescens	列当
Lysimachia mauritiana	滨海珍珠菜	Orobanche pycnostachya	黄花列当
Lysimachia pentapetala	狭叶珍珠菜	Orostachys fimbriata	瓦松
Maclura tricuspidata	柘	Orychophragmus violaceus	诸葛菜
Malcolmia africana	涩荠	Oxalis corniculata	酢浆草
Malva verticillata	野葵	Oxytropis bicolor	二色棘豆
Marsilea quadrifolia	**苹**	Panicum sumatrense	细柄黍
Mazus pumilus	通泉草	Parthenocissus tricuspidata	地锦
Medicago lupulina	天蓝苜蓿	Paulownia elongata	兰考泡桐
Melia azedarach	楝	Paulownia tomentosa	毛泡桐
Melica scabrosa	臭草	Pennisetum alopecuroides	狼尾草
Melilotus albus	白花草木樨	Pennisetum flaccidum	白草
Melilotus dentatus	细齿草木樨	Phedimus aizoon	费菜
Melilotus indicus	印度草木樨	Phragmites australis	芦苇
Melilotus officinalis	草木樨	Phyllolobium chinense	蔓黄芪
Mentha canadensis	薄荷	Phytolacca americana	垂序商陆

Plantago asiatica	车前	*Puccinellia hauptiana*	鹤甫碱茅
Plantago depressa	平车前	*Puccinellia tenuiflora*	星星草
Plantago lanceolata	长叶车前	*Pulsatilla chinensis*	白头翁
Plantago major	大车前	*Pyrrosia petiolosa*	有柄石韦
Poa acroleuca	白顶早熟禾	*Ranunculus chinensis*	茴茴蒜
Poa annua	早熟禾	*Ranunculus sceleratus*	石龙芮
Poa sphondylodes	硬质早熟禾	*Ranunculus sieboldii*	扬子毛茛
Polygonum amphibium	两栖蓼	*Rehmannia glutinosa*	地黄
Polygonum hydropiper	水蓼	*Reynoutria japonica*	虎杖
Polygonum lapathifolium	酸模叶蓼	*Robinia pseudoacacia*	刺槐
Polygonum lapathifolium	绵毛酸模叶蓼	*Rorippa cantoniensis*	广州葶菜
Polygonum orientale	红蓼	*Rorippa dubia*	无瓣葶菜
Polygonum perfoliatum	杠板归	*Rorippa globosa*	风花菜
Polygonum plebeium	习见蓼	*Rorippa indica*	葶菜
Polygonum posumbu	丛枝蓼	*Rorippa palustris*	沼生葶菜
Polygonum sibiricum	西伯利亚蓼	*Rubia cordifolia*	茜草
Polypogon fugax	棒头草	*Rubia ovatifolia*	卵叶茜草
Polypogon monspeliensis	长芒棒头草	*Rubia truppeliana*	山东茜草
Populus × canadensis	加拿大杨	*Rumex acetosa*	酸模
Populus × Xiaozhuanica	八里庄杨	*Rumex amurensis*	黑龙江酸模
Populus tomentosa	毛白杨	*Rumex dentatus*	齿果酸模
Portulaca oleracea	马齿苋	*Rumex japonicus*	羊蹄
Potamogeton crispus	菹草	*Rumex maritimus*	刺酸模
Potamogeton natans	浮叶眼子菜	*Rumex patientia*	巴天酸模
Potamogeton perfoliatus	穿叶眼子菜	*Ruppia maritima*	川蔓藻
Potamogeton pusillus	小眼子菜	*Sagittaria trifolia*	野慈姑
Potamogeton wrightii	竹叶眼子菜	*Salicornia europaea*	盐角草
Potentilla chinensis	委陵菜	*Salix babylonica*	垂柳
Potentilla discolor	翻白草	*Salix integra*	杞柳
Potentilla flagellaris	匐枝委陵菜	*Salix matsudana*	旱柳
Potentilla reptans	绢毛匍匐委陵菜	*Salix suchowensis*	簸箕柳
Potentilla supina	朝天委陵菜	*Salsola collina*	猪毛菜

Salsola komarovii	无翅猪毛菜	*Stellaria media*	繁缕
Salsola tragus	刺沙蓬	*Stuckenia pectinata*	篦齿眼子菜
Salvia plebeia	荔枝草	*Suaeda glauca*	碱蓬
Sanguisorba officinalis	地榆	*Suaeda salsa*	盐地碱蓬
Saposhnikovia divaricata	防风	*Syringa oblata*	紫丁香
Schoenoplectus juncoides	萤蔺	*Syringa oblata*	白丁香
Schoenoplectus mucronatus	水毛花	*Tamarix austromongolica*	甘蒙柽柳
Schoenoplectus tabernaemontani	水葱	*Tamarix chinensis*	柽柳
Scirpus triqueter	藨草	*Tamarix hispida*	刚毛柽柳
Sclerochloa dura	硬草	*Tamarix ramosissima*	多枝柽柳
Scorzonera austriaca	鸦葱	*Taraxacum mongolicum*	蒲公英
Scorzonera mongolica	蒙古鸦葱	*Taraxacum platypecidum*	白缘蒲公英
Selaginella rossii	鹿角卷柏	*Thellungiella salsuginea*	盐芥
Selaginella sinensis	中华卷柏	*Thlaspi arvense*	菥蓂
Selaginella tamariscina	卷柏	*Torilis japonica*	小窃衣
Setaria faberii	大狗尾草	*Tournefortia sibirica*	砂引草
Setaria pumila	金色狗尾草	*Tournefortia sibirica*	细叶砂引草
Setaria viridis	狗尾草	*Tragus berteronianus*	虱子草
Silene conoidea	麦瓶草	*Tragus mongolorum*	锋芒草
Solanum nigrum	龙葵	*Tribulus terrestris*	蒺藜
Sonchus asper	花叶滇苦菜	*Trichosanthes kirilowii*	栝楼
Sonchus brachyotus	长裂苦苣菜	*Trifolium pratense*	红车轴草
Sonchus oleraceus	苦苣菜	*Trifolium repens*	白车轴草
Sonchus wightianus	苣荬菜	*Triglochin maritima*	海韭菜
Spartina alterniflora	互花米草	*Triglochin palustris*	水麦冬
Spartina anglica	大米草	*Trigonotis peduncularis*	附地菜
Spergularia marina	拟漆姑	*Tripolium pannonicum*	碱菀
Spiranthes sinensis	绶草	*Typha angustifolia*	水烛
Spirodela polyrhiza	紫萍	*Typha domingensis*	长苞香蒲
Sporobolus fertilis	鼠尾粟	*Typha laxmannii*	无苞香蒲
Stachys baicalensis	毛水苏	*Typha minima*	小香蒲
Stachys japonica	水苏	*Typha orientalis*	东方香蒲

Ulmus davidiana	春榆
Ulmus pumila	榆
Vallisneria natans	苦草
Veronica polita	婆婆纳
Vicia bungei	大花野豌豆
Vicia sativa	救荒野豌豆
Viola philippica	紫花地丁
Viola prionantha	早开堇菜
Viola yezoensis	阴地堇菜
Wisteria sinensis	紫藤
Wisteria villosa	藤萝
Xanthium strumarium	苍耳
Youngia japonica	黄鹌菜
Ziziphus jujuba	枣
Ziziphus jujuba Mill. var. *spinosa*	酸枣
Zoysia japonica	结缕草

附录3　黄河三角洲典型群落

旱柳及旱柳林

刺槐林 – 孤岛

柽柳及柽柳景观

荻及荻海景观

盐地碱蓬及红地毯景观

芦苇沼泽

香蒲沼泽

互花米草及其入侵

一千二滩涂生态序列

植被与鸟类

植被与鸟类

微地形与植被

微地形与植被

野外考察

野外考察

野外考察

采油

旅游

后 记

经过三代人 60 多年的努力，《黄河三角洲湿地植被及其多样性》终于要出版了。

从 20 世纪 50 年代起，山东大学黄河三角洲植被课题组就开始对黄河三角洲湿地植被进行调查，历经 3 个时期。第一个时期是周光裕教授 1955 年带领山大师生的调查，代表著作是周光裕教授 1956 年出版的《山东沾化县徒骇河东岸荒地植物群落的初步调查》；第二个时期是王仁卿、鲁开宏、李兴东、张治国等人于 1980 年开始的调查研究，代表著作是 1993 年出版的《黄河三角洲植被研究专辑（1993）》；第三个时期是 21 世纪开始的全面、重点和规范的研究，先后有 30 多位博士和硕士参与了调查研究，发表了数十篇论文。几代人一直不间断地在黄河三角洲地区调查、研究，积累了大量数据和原始资料。《黄河三角洲植被研究专辑（1993）》出版之后的近 30 年时间里，申请到了与之相关的国家自然科学基金、教育部优秀青年基金、国家科技支撑计划、国家重大科技基础专项、山东省科技攻关和科技支撑计划等多项课题，并有更多老师、博士生、硕士生、本科生加入黄河三角洲植被研究中来。课题组对黄河三角洲湿地植被的研究更加系统和深入，先后在 1999~2001 年、2010~2011 年、2018~2021 年 3 个阶段的不同季节，组织 30 多人次进行了黄河三角洲植被的调查，并在春季和秋季分别进行了详细的群落学特征调查，特别是外貌、生活型等调查，获得了大量一手研究数据；2015~2021 年运用遥感、无人机、GPS 绿途打点等现代技术进行了更大范围的空间调查，拍摄了大量的植被和景观照片。在调查基础上，结合卫星图像解析结果，确定了主要的植被类型及空间分布，制作了黄河三角洲植被图。

然而，关于黄河三角洲湿地植被的研究还远远没有结束，随着全球气候变化导致的环境因子变化的加剧和人类活动的不断干扰，黄河三角洲湿地植被仍然面临着巨大的压力和威胁。20 世纪 90 年代以来，黄河三角洲湿地开发利用和生态保护的矛盾越来越尖锐，湿地植被格局随之剧烈变化。部分原生湿地被垦殖为养殖池、盐田和耕地，或成为油田生产建设用地，导致自然湿地植被面积大幅度下降。三角洲内部一些草甸植被被垦殖形成的耕地，因不合理的耕作，发生了严重的次生盐渍化。黄河断流使分布在现行入海水道两侧河间洼地的大面积芦苇群丛等湿生湿地植被逆向演替（退化）为盐生湿地植被——盐地碱蓬群丛。黄河断流还导致三角洲局部岸段发生海岸侵蚀，潮间带滩涂稀疏的盐地碱蓬群丛因岸线侵蚀后退，逆向演替为潮间带裸露光板地。风暴潮亦会导致人工林、柽柳灌丛的逆向演替。如 1997 年 8 月 20 日，黄河三角洲受特大风暴潮侵袭，多年来打造的人工刺槐林、白杨林被毁严重。2002 年之后，黄河三角洲自然保护区实施湿地生态恢复工程，连续进行生态补水，促进湿地植被的恢复。恢复后的湿地，植被由原有的光板地、盐地碱蓬群落迅速演化为芦苇群落等湿生、沼生植被；同时，实施开沟、挖渠等工程，将茂密高大的芦苇草甸改造为沟渠相连、水系发达的芦苇沼泽地，这就吸引了更多水禽的栖息和觅食。黄河三角洲湿地植被正在发生着剧烈的变化，这也是我国经济快速发展阶段湿地植被存在的普遍现象。这些问题与现象是我们今后面临的新挑战。

黄河生态保护和高质量发展上升为重大国家战略，黄河口国家公园即将建立，使植被研究迎来新的机遇。全面、准确、详细地反映黄河三角洲湿地植被现状，为未来植被保护、恢复和演替研究提供科学数据，为今后黄河口国家公园建设提供必要的基础资料已非常必要和迫切，编写出版《黄河三角洲湿地植被及其多样性》时不我待。从另一种意义来说，《黄河三角洲湿地植被及其多样性》的出版也标志着黄河三角洲湿地植被研究新阶段的开始。

在《黄河三角洲湿地植被及其多样性》出版之际，我的心情是激动和高兴的，因为这是一部集山东大学生态学科黄河三角洲植被课题组三代人 60 多年辛勤付出的著作，是黄河三角洲湿地植被研究成果的概括和结晶。该成果不仅将为国家战略的实施和黄河口国家公园的建设提供不可缺少的基础资料，也回答了大家关注的黄河三角洲自然植被现状、植被演替特征、植被维持机制、植被保护和恢复利用策略等诸多科学和应用问题。

本书获得了国家科技支撑计划"黄河三角洲生态系统综合整治技术与模式"子课题（No.2006BAC01A13）、国家重大基础专项"华北植物群落资源清查－山东区（2011FY110300）"、国家重大基础调查专项"中国植被志（针叶林卷）"（2019FY202300）、中国科学院战略先行计划（2010304001）、山东省重点科技计划（2012GSF11609、2014GZX217005）、山东大学科研基础经费（HHZX2005）等项目的资助，得到了山东大学黄河国家战略研究院、山东青岛森林生态系统国家定位观测研究站、山东省植被生态示范工程技术研究中心、山东大学青岛人文社科研究院等单位的支持。在历年调研期间，山东黄河三角洲国家级自然保护区管理局、滨州市黄河三角洲办公室以及东营和滨州的林业、畜牧、生态环保等部门都给予了诸多支持和便利，在此一并表示感谢。

除本人调查和拍摄大部分照片之外，山东大学野外调查人员包括：周光裕（1950~1990 年）；鲁开宏、李兴东（1985~1990 年）；张治国、王清、汤丽、刘建、宗美娟、宋凯、任辉、葛秀丽、宋百敏、王伟、刘成程、张聪敏等（1999~2001 年）；郭卫华、葛秀丽、蔡云飞、宋百敏、杜宁、王炜、谭向峰、王成栋、卢鹏林、王越、罗玉洁（2010 年）；张文馨、孙明星、杜远达、娄峰、袁熠、卢鹏林、任小凰、金飞宇、李学明等（2011~2013 年）；郑培明、王蕙、吴盼、贺同利、张淑萍、张煜涵、孙淑霞、刘潇、崔可宁、王乃仙、黄第洲、王泓程、张琨、张延、杨文军、刘洪祥、申硕、翟艺诺、张晴、尹婷婷、张杨、张沁媛、宋美霞、董继斌、孙露、秦思琪等（2015~2021 年）。东营国家保护区方面，刘月良、吕卷章、王安东、朱书玉、赵亚杰等参与、帮助调查及提供有关资料；滨州市岳钧、冯国明等也参与了部分野外调查和提供参考资料，滨州学院的谷丰天先生、田家怡教授等多次提供有价值的参考资料，等等。由于时间已久，遗漏是难免的，恳请谅解。参与写作的人员包括：郑培明、刘建、王蕙、张治国、葛秀丽、张文馨、杜宁、郭卫华、张淑萍、吕卷章、王安东、赵亚杰等人。

张文馨、王宁、尹婷婷、宋美霞、张杨对各类表格进行了综合分析整理，贺同利、尹婷婷、刘潇、王宁、张淑萍对植物名录进行了多次整理、核对，张杨整理了课题组的论文和参考文献，张煜涵对研究历史进行了梳理，孙淑霞负责各种地图的编绘；郑培明、崔可宁、杜远达、孙明星、葛秀丽等拍摄了照片；崔可宁对照片进行了整理。在此一并感谢!

感谢北京师范大学的鸟类专家张正旺教授在有关鸟类，特别是丹顶鹤方面知识的介绍，以及辽宁师范大学李东来先生提供的盐地碱蓬群落、互花米草群落和丹顶鹤照片。张教授的导师郑光美院士是国际著名鸟类专家，也是我的良师益友。1997 年，我在山东大学威海校区参加教育部生物学教学指导委员会扩大会议时认识了郑先生，据我所知，郑先生此后也多次去过黄河三角洲考察，北京师范大学也在保护区建立了研究站点。山东大学威海校区赵宏教授在植物种类鉴定方面给予了很多帮助；山东省淡水渔业研究院李秀启研究员提供了水生植被的部分照片，在此表示感谢。

还要感谢瑞典隆德大学的 Lars Hansson 教授，他是产业生态领域国际知名教授，也是我的好朋友，为人善良，知识渊博。2000 年以来，他几乎每年都来山东大学讲课。2012 年，我们一同前往黄河三角洲考察，他对黄河三角洲的植被、湿地、鸟类等很感兴趣，对保护区的成就深表赞赏。此外，日本国立草地研究所的铃木、及川、佐藤、田中等专家在 20 世纪 80 年代也先后到黄河三角洲大汶流、一千二等地考察草地植被，对植被的保护和利用提出了有益的建议。

特别感谢山东大学青岛校区孔令东书记一直以来的支持和关怀。感谢山东大学人文社会科学青岛研究院方雷院长、张荣林书记、王建民教授对本系列丛书的出版给予的各方面支持。感谢生命学院党政领导的长期支持。我与山东科学技术出版社有着20 多年的合作，感谢赵猛社长的关注和支持，感谢陈昕编辑细心周到的修正和编辑，期待更多更好的合作成果。

最后还要深深感谢家人们长期的支持和关怀，这是我从事教学、科研、社会服务的源泉和动力，也是我完成本书的精神力量。枯燥的数字、繁杂的表格、众多的图片、反复的修改，都会让人倦怠和松懈，但亲人们的鼓励和信任总能让我不厌其烦地逐字逐句逐段逐章推敲斟酌，以求更妥更好。特别是91岁高龄的老母亲，依然步态轻松，精神矍铄，对生活充满快乐和自信，这是对我永远的精神鼓舞！

《黄河三角洲湿地植被及其多样性》是《黄河流域生态保护研究丛书·黄河三角洲生态保护卷》系列丛书之一，后者是山东大学黄河国家战略研究院成立后正式出版的第一套生态保护方面的丛书，本人甚感欣慰。感谢参与本工作的三十多位弟子，感谢所有参与黄河三角洲湿地植被研究和为最后书稿校对的博士、硕士们，感谢所有关心支持我们工作的部门和个人！《黄河三角洲湿地植被及其多样性》的出版是对他们最好的回报和答谢！

同时，本书更是山东大学积极主动参与黄河国家战略行动的标志、阶段性成果和新起点，相信未来将有更多更高水平的成果产出，为服务国家战略、服务山东生态建设、服务黄河口国家公园建设做出更大贡献。

王仁卿

2022 年 4 月于青岛